“十四五”时期国家重点出版物出版专项规划项目

中国水利水电科普视听读丛书

中国水利水电科学研究院 组编

胡鹏 主编

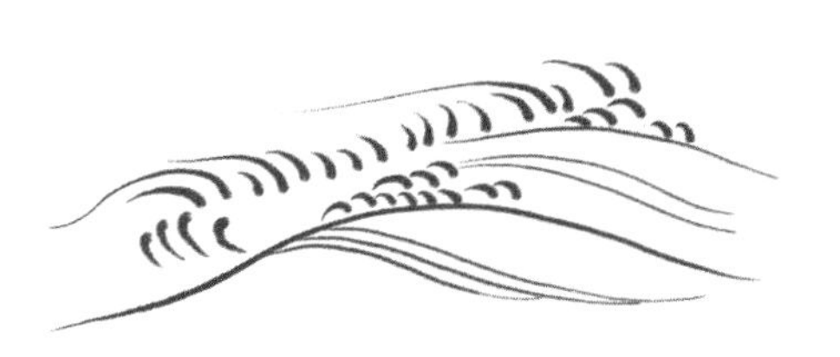

· 北京 ·

内 容 提 要

《中国水利水电科普视听读丛书》是集视听读于一体的水利水电科普立体化展示图书，共14分册。本分册为《水生态保护》，全书共8章，以生态思想的起源为开篇，从水生态的科学内涵、保护水生态的理由、水生态如何保护与修复等几方面，多维度地向广大读者展示了水生态保护相关的科学知识和生活常识。

本丛书可供社会大众、水利水电相关人员及院校师生阅读参考。

图书在版编目（CIP）数据

水生态保护 / 胡鹏主编 ; 中国水利水电科学研究院组编. -- 北京 : 中国水利水电出版社, 2023.5
（中国水利水电科普视听读丛书）
ISBN 978-7-5226-1604-9

Ⅰ. ①水… Ⅱ. ①胡… ②中… Ⅲ. ①水环境－生态环境－环境保护－中国－普及读物 Ⅳ. ①X143-49

中国国家版本馆CIP数据核字(2023)第122408号

审图号：GS（2021）6133 号

丛 书 名	中国水利水电科普视听读丛书
书　　名	水生态保护 SHUISHENGTAI BAOHU
作　　者	中国水利水电科学研究院 组编 胡 鹏 主编
封面设计	杨舒蕙 许红
插画创作	杨舒蕙 许红
排版设计	朱正雯 许红
出版发行	中国水利水电出版社 （北京市海淀区玉渊潭南路 1 号 D 座 100038） 网址：www.waterpub.com.cn E-mail:sales@mwr.gov.cn 电话：（010）68545888（营销中心）
经　　售	北京科水图书销售有限公司 电话：（010）68545874、63202643 全国各地新华书店和相关出版物销售网点
印　　刷	天津画中画印刷有限公司
规　　格	170mm×240mm 16 开本 9.25 印张 102 千字
版　　次	2023 年 5 月第 1 版 2023 年 5 月第 1 次印刷
印　　数	0001—5000 册
定　　价	68.00 元

《水生态保护》

主　编　胡　鹏

副主编　杨　钦　闫　龙

参　编　曾庆慧　杨泽凡　刘　欢　侯佳明　吴思萱　唐家璇　陈鼎新

丛书策划　李亮

书籍设计　王勤熙

丛书工作组　李亮　李丽艳　王若明　芦博　李康　王勤熙　傅洁瑶　芦珊　马源廷　王学华

本册责编　王若明

文字编辑　马源廷

序

党中央对科学普及工作高度重视。习近平总书记指出："科技创新、科学普及是实现创新发展的两翼，要把科学普及放在与科技创新同等重要的位置。"《中华人民共和国国民经济和社会发展第十四个五年规划和2035年远景目标纲要》指出，要"实施知识产权强国战略，弘扬科学精神和工匠精神，广泛开展科学普及活动，形成热爱科学、崇尚创新的社会氛围，提高全民科学素质"，这对于在新的历史起点上推动我国科学普及事业的发展意义重大。

水是生命的源泉，是人类生活、生产活动和生态环境中不可或缺的宝贵资源。水利事业随着社会生产力的发展而不断发展，是人类社会文明进步和经济发展的重要支柱。水利科学普及工作有利于提升全民水科学素质，引导公众爱水、护水、节水，支持水利事业高质量发展。

《水利部、共青团中央、中国科协关于加强水利科普工作的指导意见》明确提出，到2025年，"认定50个水利科普基地""出版20套科普丛书、音像制品""打造10个具有社会影响力的水利科普活动品牌"，强调统筹加强科普作品开发与创作，对水利科普工作提出了具体要求和落实路径。

做好水利科学普及工作是新时期水利科研单位的重要职责，是每一位水利科技工作者的重要使命。按照新时期水利科学普及工作的要求，中国水利水电科学研究院充分发挥学科齐全、资源丰富、人才聚集的优势，紧密围绕国家水安全战略和社会公众科普需求，与中国水利水电出版社联合策划出版《中国水利水电科普视听读丛书》，并在传统科普图书的基础上融入视听元素，推动水科普立体化传播。

丛书共包括14本分册，涉及节约用水、水旱灾害防御、水资源保护、水生态修复、饮用水安全、水利水电工程、水利史与水文化等各个方面。希望通过丛书的出版，科学普及水利水电专业知识，宣传水政策和水制度，加强全社会对水利水电相关知识的理解，提升公众水科学认知水平与素养，为推进水利科学普及工作做出积极贡献。

丛书编委会

2022年12月

现阶段我国水生态系统整体质量和稳定性仍需不断提高，河道断流、湖泊萎缩、水质污染等问题仍然存在，已成为影响水利高质量发展的突出问题之一。水生态环境的保护离不开全社会的关心、参与和支持，同时人民群众对水利知识的新需求也在不断增长，因此，做好水生态保护的科学普及工作是新阶段水利科研单位的重要职责，是水利科技工作者的重要使命。

本分册共分为八章：第一章、第二章介绍了水生态的内涵和演变发展。系统分析了古代中外生态思想的发源、生态的内涵、生态与生态文明的差别以及水生态的重要性。第三章、第四章讲述了保护水生态的理由。主要从人与生态的关系、人类文明的延续需要水生态的支撑、良好的水生态环境是民族复兴的重要象征、幸福生活离不开健康稳定的水生态、人与自然的和谐相处是现代人的基本文明准则等几个方面进行介绍。第五章至第八章总体介绍了如何开展水生态保护与修复。从源头区、汇流区、聚散区和耗散区等四个分区分别介绍对应的水生态保护与修复的措施与建议。

本分册由胡鹏、杨钦、闫龙统稿，各章节主要编写人员分工如下：第一章由曾庆慧、吴思萱、闫龙编写；第二章由胡鹏、唐家璇、杨泽凡编写；第三章由陈鼎新、刘欢、曾庆慧编写；第四章由刘欢、杨钦、侯佳明编写；第五章由杨泽凡、侯佳明、杨钦编写；第六章由杨钦、侯佳明、闫龙编写；第七章由侯佳明、胡鹏、杨钦编写；第八章由闫龙、胡鹏、杨钦编写。

本分册的编写得到了中国水利水电出版社等单位和部门的大力支持，陈敏建、唐克旺、王芳等专家予以悉心指导，单位领导、同事和研究生予以大力支持，本书的出版还得到了中国水利水电科学研究院科普专项的资助，在此一并表示感谢！

由于编者水平有限，书中难免有疏漏之处，敬请广大读者批评指正。

编者

2023 年 3 月

目 录

◆ 第三章 和谐与共生：人与生态的关系

◆ 第四章 鱼儿离不开水：水生态需要保护

◆ 第五章 为有源头活水来：山丘区水源涵养

第一章

生态是什么：生态的起源

生态环境、生态保护、生态文明……“生态”这个词语已经越来越广泛和深入地融入人们的生活中。“生态”到底指什么，其来源是哪，它经历了怎样的发展和演变过程，又将走向何方？

◎ 第一节 缘起：古代朴素的生态思想

一、古希腊人的生态智慧——“家园”

汉语中的“生态”一词，一般对应英语中的“ecology”，源于古希腊文，意思是指家园、住所或者栖息地。古希腊的“自然哲学”被认为是自然科学的源头，自然哲学家们带领人们从神话等超自然的思考模式，发展到以经验与理性为基础的思考模式，是人类思维启程的第一步。古希腊哲学家们高度重视人与自然的关系，提出了很多朴素的生态思想。

1. 泰勒斯：水是万物的本原

▲ 泰勒斯画像

“哲学之父”泰勒斯（约公元前624—前546年）最先用理性的哲学思维配合经验实体的方式来解释自然万物的本原和归宿，开启了从神学时代到哲学时代的跨越，引发了人类文明高速发展的最初萌芽。据说，他向埃及人学习观察洪水，仔细阅读尼罗河每年洪水涨退的记录，并亲自察看洪水退后的景象。他发现每次洪水退后，不但留下肥沃的淤泥，还在淤泥里留下无数微小的胚芽和幼虫。他把这一现象与埃及人原有的神造宇宙的神话结合起来，得出万物由水生成的结论，认为“水是万物的本原”，由此肯定了自然万物的有机整体性和富有生机的创造性。

2. 毕达哥拉斯：和谐就是美德

毕达哥拉斯（约公元前580—前500年）认为“和谐就是美德”，宇宙中的一切无不存在着和谐，宇宙秩序无不表现为和谐，这种和谐的关系谱写了天籁之音。毕达哥拉斯反对人类破坏自然界的和谐秩序，他指出，只要人类继续残忍地迫害动物生命，就不会真正懂得健康与和平。只要人类大规模地“屠杀动物”，人类就会“相互屠杀”。

▲ 毕达哥拉斯（上图）和德谟克利特（下图）画像

“和谐就是美德”是人们的一种美好向往，怎样才能让这种状态长久存在呢？这是德谟克利特（约公元前460—前370年）一直思考的问题。他提出了古代“可持续发展”的观念，是现在“可持续发展观”的前身。他把人和自然的关系与人的终极意义联系起来，认为人生的目的在于与自然和谐相处，而不是一味地追求物质享乐，真正的幸福是节制欲望，让灵魂宁静，要求人们向动物学习，向大自然学习。他说：“在很多重要的事情上，我们是模仿禽兽，做禽兽的小学生，从蜘蛛那里我们学会了织布和缝补，从燕子那里学会了造房子，从天鹅和黄莺等唱歌的鸟那里学会了歌唱。”使人幸福的不是征服的力量和金钱，而是正直和公允，人要生活得无忧无惧，就要与大自然和谐相处，一味地破坏自然最终伤害的是人类自己。

3. 希波克拉底：健康依赖于自然

古希腊著名医生希波克拉底（公元前460—前

370年）被西方尊为“西方医学之父”。他通过多年的游历行医经验，编写了医学著作《论风、水和地方》，阐述了自然环境对人体健康的影响。他指出医生进入一个城市，首先要注意到这个城市的气候、土壤、风向、水源、水质、饮食习惯、生活方式等，因为这些因素对人体健康有重要的影响。有一次，一位病人因下腹绞痛，小便不畅，来找希波克拉底治疗。希波克拉底通过诊断得出结论，病人出现这种症状是由于饮用了受污染的水而造成的，这种病就是如今所知的“尿道结石”。他的名言是：人的身体健康“寄希望于自然”，“简单而可口的饮食比精美但不可口的饮食更有益”。这和人们现代关于生态的解释有着千丝万缕的联系。

小贴士

《希波克拉底誓言》

《希波克拉底誓言》是希波克拉底警诫人类的古希腊职业道德的圣典，是向医学界发出的行业道德倡议书，是医学学生入学的第一课就要学习并正式宣誓的誓言。

二、古代中国的生态思想——“天人合一”

1. 对生物和自然的图腾崇拜是中国最早的生态思想萌芽

中国古代的先民们，一方面崇拜大自然，依靠大自然提供的食物和遮风挡雨场所等最基本的生存条件；另一方面又惧怕大自然，因为人们经常遭受凶猛动物的侵害，也抵御不了水、火、雷、电等自然灾害的威胁，便以图腾崇拜的方式乞求大自然的恩赐与保护。例如，我国传说中的“黄帝族以熊为图腾”“夏族以鱼为图腾”“商族以玄鸟为图腾”；半坡母系氏族公社实行以鱼为象征的崇拜，并举行“鱼祭”。有些少数民族至今仍有动物崇拜的传统。

如果说对动物、植物的自然崇拜，是源于自然生长发育的动物、植物提供给人类以衣食之源，从

（a）黄帝时期熊图腾

（b）夏朝时期鱼图腾

（c）商朝时期玄鸟图腾

▲ 古代先民不同时期的动物崇拜现象

而对其产生图腾崇拜的话，那么把天、地、日、月、星、雷、雨、风、云、水、火、山等自然物或现象尊奉为神，则是由于古人对自然现象无法作出科学解释，从而把自然当作神加以崇拜，并以顶礼膜拜的仪式寄托人类的某种愿望。

在世界各个民族的自然观史上，普遍存在自然崇拜现象。这种文化现象是“天地人”协调的生态哲学思想萌芽，即人、动植物都是自然所生。当时人们已意识到这些生物和自然现象对人类有重要意义。为了生存，对自然界既要依附、顺从、和谐，又要斗争和保护。这不仅表现为一种信仰，也是人们对待生活的一种态度，对当时保护生命和自然发挥了重要作用。这种早期的生态思想和实践，其精华部分已经融入中华文化，成为一种传统观念传承至今。

2.“天人合一”是中国古代生态思想的集中体现

所谓“天”，是指人所处的环境，也就是“自然”，而“天人合一”就是将人与自然视为一个有着内在联系的有机整体，意思就是顺应自然、尊重自然、保护自然，实现人与自然的和谐发展。老子（约公元前571—前471年）在《道德经》中提出：“人法地，地法天，天法道，道法自然。”这是道家关于天人关系的指导思想和核心理念，要求人的生产、生活要“与天地合其德，与日月合其明，与四时合其序”“先天而天弗违，后天而奉天时”。在日常生活中，人们按照“春种、夏长、秋收、冬藏”这个自然规律进行活动，本身也体现了“天人合一”的理念。

3. 中国古代生态思想在农耕文明中得到极大发展

农耕文明的产生，促使中国古代生态思想由萌芽逐步发展到自成体系。中华民族历来崇尚“天地人和”“阴阳调和”“天人合一”的观念，并且把热爱土地和保护自然的理念融入到这些观念中。在实践上，创造并总结出了一整套提高耕作产量的经验技术，如种植制度上的轮作复种和间作套种，耕作制度上的深耕细作和水、旱耕作技术，以及栽培制度上的中耕除草和加强田间管理等。早在上古舜帝时，就设有管理自然的虞官伯益。到先秦时代进一步细分为管理山川泽林的山虞、泽虞、川衡、林衡。《礼记·月令》根据保护生物资源及农业生产的需要，提出了各季、各月环境与生态保护的具体规定。《吕氏春秋》中提出“四时之禁”，规定了对伐木、烧草、猎兽、捕鱼等人类行为活动的节候，动物、植物正当孳生发育之时，不可摧残伤害，以致影响繁殖，从而维护生态平衡。《淮南子·主术训》提出“故先王之法，畋不掩群，不取麛夭。不涸泽而渔，……孕育不得杀，鷇卵不得探，鱼不长尺不得取，彘不期年不得食”，全面、具体和缜密地论述了保护野生生物资源的方式方法，对促进农业发展和保护生态都起到了良好的作用。

▲ 汉画石像中展现出的农耕场景

◎ 第二节 发展：研究对象从生物到生物圈

进入19世纪，随着人类对生物与自然环境的认知不断深入，相关理念和思想逐渐发展成为了一门学科，用以研究生物与环境之间的相互关系及其作用机理。德国生物学家海克尔(Ernst Haeckel)于1866年在其著作《普通生物形态学》(*Generelle Morphologie der Or-ganismen*)首次提出“ecology”，并将其定义为“研究生物在其生活过程中与环境的关系，尤指动物有机体与其他动、植物之间互惠或敌对的关系，即动物与有机及无机环境相互关系的科学”。1895年，日本东京帝国大学植物学家三好学博士把“ecology”一词译为“生态学”。生态学的研究范围非常广阔，小到一滴水或一只蚂蚁，大到整个生物圈，都是生态学的研究对象。

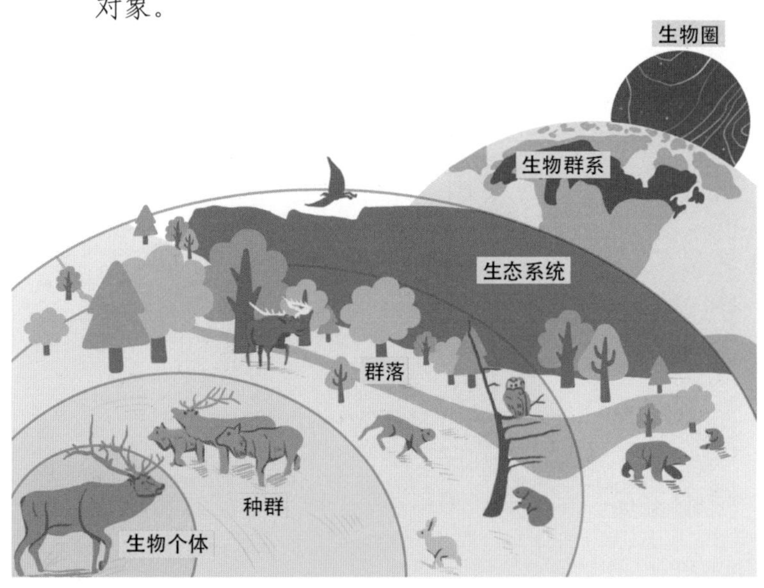

▲ 从生物到生物圈的递进关系

一、具有动能的生命体——生物

生物是指具有动能的生命体。生物最基本的特征在于能够进行新陈代谢以及遗传。前者使得生物具备合成代谢以及分解代谢的能力，而后者则可以将遗传物质复制，交由下一代繁殖以避免物种灭绝，这两个特征是类生命现象的基础。据统计，地球上约有 870 万（±130 万）种物种。多种多样的生物不仅维持了自然界的持续发展，而且还是人类赖以生存和发展的基本条件。

随着环境的污染与破坏，比如森林砍伐、植被破坏、滥捕乱猎等，世界上的生物物种持续在以每天几十种的速度消失。这是地球资源的巨大损失，因为物种一旦消失，就永不再生。消失的物种不仅会使人类失去一种自然资源，还会通过食物链等引起其他物种的消失。

如今，人类社会都在呼吁保护生物多样性，并为之付诸行动。2008 年 10 月，在西班牙巴塞罗那，国际自然保护联合会公布了哺乳类动物种群的全球调查结果：“在不久的将来，至少有四分之一的哺乳类动物会走向灭绝。”英国生物学家珍妮·古道尔（1934 年 4 月—）用自己随身携带的加州秃鹰羽毛不断地向世人发出警告：濒危动物正在逝去。同

▲ 2018 年国际生物多样性日宣传海报

时，她也在告诉人们，濒临灭绝的秃鹰是人类从灭绝边缘拯救回来的物种之一，人类不会放弃对生命的挽救行动。

知识拓展

生物的重量

2018 年 6 月，以色列维茨曼科学研究所的 Ron Milo 教授利用卫星遥感扫描及微生物基因测序等数百项研究中获得的数据，估算出地球生物总量以含碳量计算为 5500 亿吨，研究成果发表在《美国国家科学院院刊》（PNAS）。这项研究首次对每一类生物的重量进行了全面估算：植物占据了地球生物总量的 82%，细菌占据 13%，其他所有生物占据不足 5%，其中人类仅占据地球总生物量的 0.01%，病毒总量都是人类的 3 倍多。

然而，仅占据地球生物总量万分之一的人类，却已经导致了 83% 的野生哺乳动物和将近一半的植物灭绝。在哺乳动物生物量中，占比最大的是牲畜，地球上 60% 的哺乳动物生物量是人类饲养的牲畜，人类占了 36%，剩下仅有的 4% 才是野生哺乳动物。因此，人类的饮食选择对动物、植物和其他生物的栖息地有着重大的影响，人们在饮食选择时应考虑对环境的影响。

二、特定生物的集合——种群

种群指同一时间生活在一定自然区域内，同种生物的所有个体。种群中的个体并不是机械地集合在一起，而是彼此可以交配，并通过繁殖将各自的基因传给可育后代。种群是进化的基本单位，同一种群的所有生物共用一个基因库。对种群的研究内容主要是其数量变化与种内关系，种间关系的内容属于生物群落的研究范畴。

单位面积或单位体积中的生物个体数称为种群密度，种群密度是种群最基本的数量特征。不同的种群密度差异很大，同一种群在不同条件下密度也有差异。农林害虫的监测和预报、渔业捕捞强度的确定等，都需要对种群密度进行调查研究。在自然状态下，一个种群的种群密度往往有着很大的起伏，但不是无限制的变化。出生率、死亡率、迁入率与迁出率对种群密度都有影响。种群密度的上限由种群所处生态系统的能量流动决定，生态系统的稳态调节可以使优势生物的种群密度保持在一个有限的范围内。

三、生物种群的集合——群落

19 世纪，德国动物学家莫比乌斯（1790—1868 年）提出了生物群落一词，用来描述生活在一个生境中相互作用的有机体，即相同时间聚集在同一区域或环境内各种生物种群的集合。生物群落由植物、动物、微生物等各种生物有机体构成，是一个具有一定成分的组合体。莫比乌斯认为每一个生物群落都支持着一定数量的生物，在合适的条件下可能产生过量的后代，但由于空间和食物是有限的，群落中个体总数不久又会回到它以前的适中状态，所以每个群落中不同种群不是杂乱无章地散布，而是有序协调地生活在一起。

生物群落的基本特征包括群落中物种的多样性、群落的生长形式（如森林、灌丛、草地、沼泽等）和结构（空间结构、时间组配和种类结构）、优势种（群落中以其体大、数多或活动性强而对群落的特性起决定作用的物种）、相对丰盛度（群落中不同物种的相对比例）、营养结构等。

地球上的生物群落可以分为陆地群落和水生群落两大类。一般而言，水生群落的结构比陆地群落简单些。在水中，水底土质不同于陆地的土壤，植物和底栖动物与水底土质的联系带有机械性质。在研究陆地群落时，首先必须研究环境的降水量和温度，而在研究水生群落时，光照、溶解氧和悬浮营养物质更为重要。

四、群落及其生存环境——生态系统

1935 年，英国生态学家亚瑟·乔治·坦斯利爵士（1871—1955 年）受丹麦植物学家尤金纽斯·瓦尔明的影响，首次提出生态系统的概念。生态系统是在自然界的特定空间内，生物与环境构成的统一整体，在这个统一整体中，生物与环境之间相互影响、相互制约，并在一定时期内处于相对稳定的动态平衡状态。它的范围不是固定的，小至一个鱼塘，

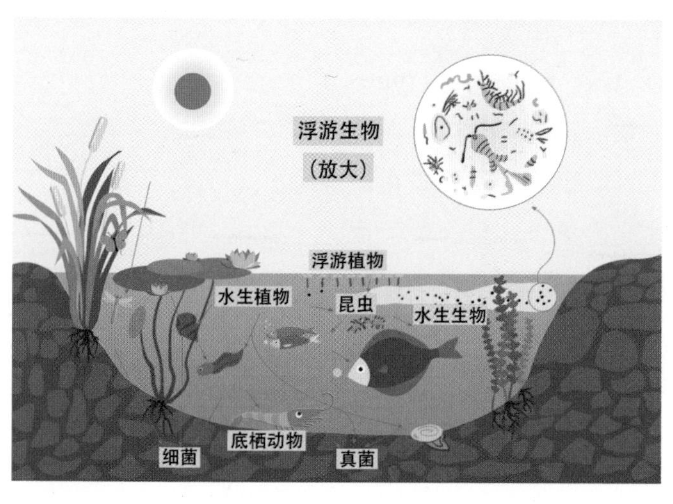

▲ 小型生态系统示意图

大至整个生物圈，都是一种生态系统。它是生态学研究的基本单位，也是环境生物学研究的核心问题。

生态系统类型众多，一般可分为自然生态系统和人工生态系统。自然生态系统还可以分为水域生态系统和陆地生态系统，人工生态系统则可分为农田生态系统、城市生态系统等。其中，无机环境是一个生态系统的基础，其条件的好坏直接决定生态系统的复杂程度和其中生物种群的丰富度。而生物群落在生态系统中既在适应环境，也在改变着周边环境的面貌。各种基础物质将生物群落与无机环境紧密联系在一起，而生物群落的演替甚至可以把一片荒凉的裸地变为水草丰美的绿洲。各个成分的紧密联系，使得生态系统成为具有一定功能的有机整体。

生态系统是一个开放的功能系统，它不断地同外界进行能量转化、物质循环和信息传递，每一个生态系统都是由能量流、物质流和信息流构成的

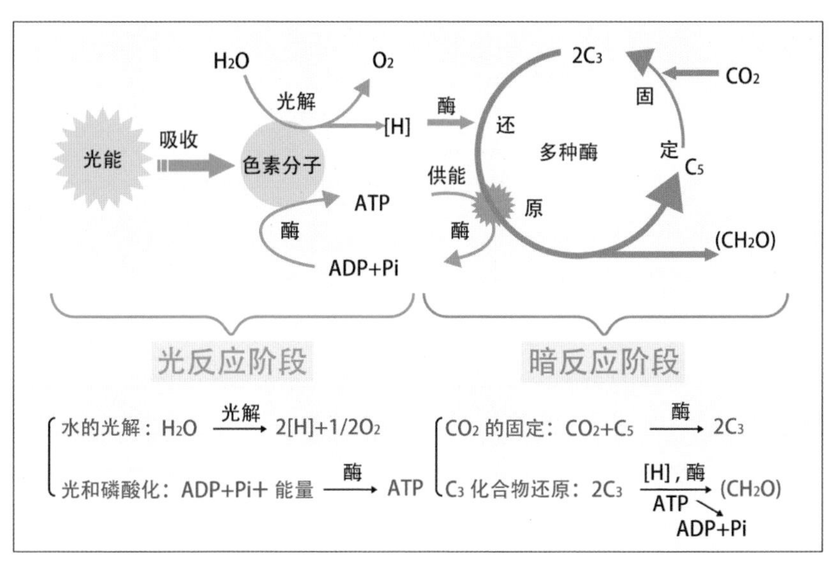

▲ 植物光合作用中的能量传递

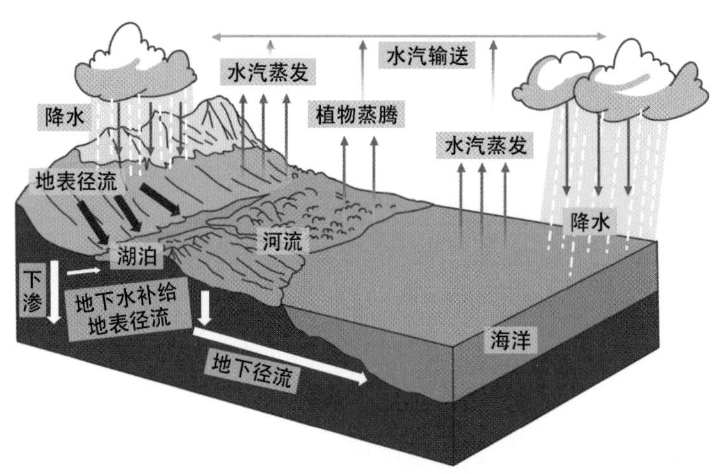

▲ 生态系统中的水循环过程

功能单元。1940年，美国生态学家R.L.林德曼（1915—1942年）在对赛达伯格湖进行定量分析后发现了生态系统在能量流动上的两大基本特点，一是能量在生态系统中的传递不可逆转，二是能量在传递的过程中逐级递减，传递率为10% ~ 20%，这也就是著名的林德曼定律。物质循环可以分为水循环、气态循环和沉积型循环。其中，水循环是物质循环的核心，在生态系统中具有极重要的作用，它将陆域生态系统和水域生态系统连接起来，使局部生态系统与整个生物圈联系在一起。生态系统的信息传递通常包括营养信息、化学信息、物理信息、行为信息和环境信息。

知识拓展

生态系统中的三要素

生态系统各个成分紧密联系，使生态系统成为具有一定功能的有机整体。其中，生产者、消费者和分解者是生态系统中的三要素。

生产者包括一切能进行光合作用的绿色植物和藻类，是连接无机环境和生物群落的“桥梁”。消费者属于异养生物，指那些以其他生物或有机物为食的动物，数量众多的消费者在生态系统中能够加快能量流动和物质循环，可以看成是一种“催化剂”。分解者是生态系统的“清道夫”，主要由细菌、真菌、某些原生动物和腐生动物等组成，它们将动物们的排泄物和所有有机体的尸体分解为水、二氧化碳和各类无机盐，归还到大自然中，供生产者重新生产有机物质。

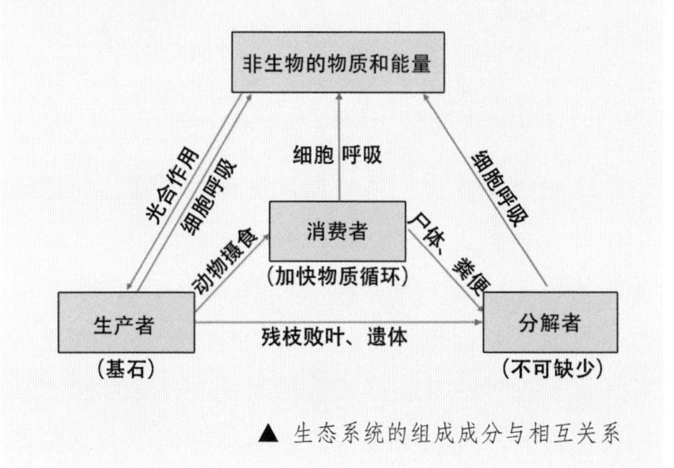

▲ 生态系统的组成成分与相互关系

五、地球上最大的生态系统——生物圈

生物圈是地球上最大的生态系统，也是最大的生命系统。生物圈的概念是由奥地利地质学家修斯（1831—1914 年）在 1875 年首次提出的，是指地球上有生命活动的领域及其居住环境的整体。它包括海平面以上约 10000 米至海平面以下 11000 米处，其中包括大气圈的下层，岩石圈的上层，整个土壤圈和水圈。但绝大多数生物通常生存于地球陆地之上和海洋表面之下各约 100 米厚的范围内，如果把地球看作一个足球大小，那么生物圈就比一张纸还要薄。生物圈是一个相对封闭且能自我调控的系统。地球是人类在整个宇宙中唯一已知的有生物生存的

地方。一般认为生物圈是从35亿年前生命起源后演化而来的。

1991年9月26日，建造在美国亚利桑那沙漠中的“生物圈2号”实验室开始启用，因把地球本身称作“生物圈1号”而得此名。“生物圈2号”是一座微型人工生态循环系统，它由美国前橄榄球运动员约翰·艾伦（1953年—）发起，并与几家财团联合出资，委托空间生物圈风险投资公司承建，历时8年，耗资1.5亿美元。“生物圈2号”计划在密闭状态下进行生态与环境研究，帮助人类了解地球是如何运作的，并研究在仿真地球生态环境的条件下，人类是否适合生存的问题。为了尽量贴近自然环境，该圈中的土壤、草皮、海水、淡水均取自外界的不同地理区间，通过一定的人工处理再利用。例如，实验用的海水是将运进来的海水和淡水按照适当比例配制而成的。但由于引进的生物主要是生产者，动物、真菌和细菌的种类和数量都较少，导致“生物圈2号”的试验宣告失败，被很多人看作是藐视自然的反面教材，甚至被斥之为“奢侈的伪科学”。但实验的失败，也从另一个角度证明了地球这个人类和所有生物的共同家园的复杂性、唯一性和保护的重要性。

▲ “生物圈2号”实验室

◎ 第三节 延续：生态文明的进阶

一、西方社会的觉醒——人与自然和谐共处

1. 唤起公众对环保事业的关注：《寂静的春天》

▲ 蕾切尔·卡逊与《寂静的春天》

1962年，美国海洋生物学家蕾切尔·卡逊（1907—1964年）发表了震惊世界的生态学著作《寂静的春天》，指出了农药DDT造成的生态公害与环境保护问题，唤起了公众对环保事业的关注。1970年4月22日，美国哈佛大学学生丹尼斯·海斯（1944年—）发起并组织保护环境活动，得到了环保组织的积极响应，美国各地约2000万人参加了这场声势浩大的游行集会，旨在唤起人们对环境的保护意识，促使美国政府采取了一系列针对环境污染的治理措施。后来，这项活动得到了联合国的大力支持，并将每年4月22日确定为“世界地球日”。

1972年，在瑞典斯德哥尔摩召开了“人类环境大会”，并于5月5日签订了《斯德哥尔摩人类环境宣言》，这是一个划时代的历史文献，是世界上第一个维护和改善生态环境的纲领性文件。1982年5月10—18日，为了纪念联合国人类环境会议10周年，促使世界环境的好转，在联合国环境规划署总部内罗毕召开了人类环境特别会议，并通过了《内

罗毕宣言》，针对世界环境出现的新问题，提出了一些各国应共同遵守的新原则。1992年6月3—4日，“联合国环境与发展大会”在巴西里约热内卢举行，183个国家的代表团和联合国及其下属机构等70个国际组织的代表出席了会议，并通过了《里约环境与发展宣言》，确定了可持续发展的观点。

▲《增长的极限》

2. 未来悲观派的代表作：《增长的极限》

1968年，由欧洲意大利咨询公司董事长奥雷利奥·佩西博士出面，邀请10多个发达国家的30位科学家、教育家、经济学家和政治家，在罗马的林西研究院组成了一个旨在研究人类当前和未来处境问题的非正式国际性协会——罗马俱乐部。麻省理工学院学者丹尼斯·梅多斯领导的研究小组受罗马俱乐部委托，以计算机模型为基础，运用系统动力学对人口、农业生产、自然资源、工业生产和污染五大变量进行了实证性研究，并在1972年提交了第一份报告，即《增长的极限》。

报告中认为，由于地球粮食和资源的有限，以及经济增长造成的环境污染和生态损害，人类社会经济增长将达到极限，因此人类面对的是“一个有限的世界”。人口和经济的增长会导致更多的资源消耗，加上粮食短缺、环境污染等问题，会造成社会增长机制不可控的突然崩溃。针对这些问题，他们提出“零增长理论”，通过“自觉抑制增长”而达到一种“全球均衡状态”。

这份报告发布时，正值西方国家经济高速增长，对资源环境无节制开发的时期，报告中的内容对当时人们的主流观念产生了强烈冲击，引发了广泛的讨论。这份报告也成为人们反思社会发展和自然环境关系的一个里程碑著作，为工业社会传统发展模式敲响了警钟，加速了工业文明向生态文明的转变。

二、东方智慧的结晶——生态文明建设

1. 我国生态文明建设的发展历程

生态文明建设是中国特色社会主义事业的重要内容，关系人民福祉，关乎民族未来，事关“两个一百年”奋斗目标和中华民族伟大复兴中国梦的实现。党中央、国务院高度重视生态文明建设，先后出台了一系列重大决策部署，推动生态文明建设取得了重大进展和积极成效。

2012年11月，党的十八大从新的历史起点出发，作出“大力推进生态文明建设”的战略决策，不仅论述了生态文明建设的重大成就、重要地位、重要目标，而且全面深刻论述了生态文明建设的各方面内容，描绘了今后相当长一个时期我国生态文明建设的宏伟蓝图。

2015年5月5日，《中共中央 国务院关于加快推进生态文明建设的意见》发布。

2018年3月11日，第十三届全国人民代表大会第一次会议通过的《中华人民共和国宪法修正案》中的第八十九条“国务院行使下列职权”中第六项“（六）领导和管理经济工作和城乡建设”修改成为“（六）领导和管理经济工作和城乡建设、生态文明建设”。

2. 生态文明建设的根本目的与战略任务

党的十八大报告强调，生态文明建设的根本目

的是“努力建设美丽中国，实现中华民族永续发展”，“从源头上扭转生态环境恶化趋势，为人民创造良好生产生活环境，为全球生态安全作出贡献”，“更加自觉地珍爱自然，更加积极地保护生态，努力走向社会主义生态文明新时代”。

关于生态文明建设的战略任务，党的十八大报告提出了“优、节、保、建”四大战略任务。

“优”是指优化国土空间开发格局。一是控制开发强度，调整空间结构，促进生产空间集约高效、生活空间宜居适度、生态空间山清水秀；二是加快实施主体功能区战略，推动各地区严格按照主体功能定位发展，构建科学合理的城市化格局、农业发展格局、生态安全格局；三是提高海洋资源开发能力，坚决维护国家海洋权益，建设海洋强国。

“节”是指全面促进资源节约。一是节约集中利用资源，推动资源利用方式根本转变，加强全过程节约管理，大幅降低能源、水、土地消耗强度，提高利用效率和效益；二是推动能源生产和消费革命，支持节能低碳产业和新能源、可再生能源发展，确保国家能源安全；三是加强水源地保护和用水总量管理，建设节水型社会；四是严守耕地保护红线，严格土地用途管制；五是加强矿产资源勘查、保护、合理开发；六是发展循环经济，促进生产、流

▲ 山东省烟台市牟平区沁水河水利风景区

通、消费过程的减量化、再利用、资源化。

“保”是指加大自然生态系统和环境保护力度。一是要实施重大生态修复工程，增强生态产品生产能力，推进荒漠化、石漠化、水土流失综合治理；二是加快水利建设，加强防灾减灾体系建设；三是坚持预防为主、综合治理，以解决损害群众健康突出环境问题为重点，强化水、大气、土壤等污染防治；四是坚持共同但有区别的责任原则、公平原则、各自能力原则，同国际社会一道积极应对全球气候变化。

“建”是指加强生态文明制度建设。一是建立体现生态文明要求的目标体系、考核办法、奖惩机制；二是建立国土空间开发保护制度，完善最严格的耕地保护制度、水资源管理制度、环境保护制度；三是建立反映市场供求和资源稀缺程度、体现生态价值和代际补偿的资源有偿使用制度和生态补偿制度；四是加强环境监管，健全生态环境保护责任追究制度和环境损害赔偿制度；五是增强全民节约意识、环保意识、生态意识，形成合理消费的社会风尚，营造爱护生态环境的良好风气。

3. 生态文明建设的重要性及其意义

（1）生态文明建设是人类文明发展和社会进步的必然要求。历经几千年的发展，人类文明经历了原始文明、农业文明和工业文明。原始文明时代，人类的生产活动远远没有超出自然环境的容量，与生态环境保持着原始共生的关系。农业文明时代，人类活动以对自然的顺从为主要特征，仍然保持着自然界的生态平衡。工业文明时代，人类以征服自

▲ 湖南省郴州市嘉禾县春陵河

然为对象，取得了前所未有的辉煌成就，但其对自然资源的掠夺和对环境的破坏，也造成了前所未有的生态危机。在新时代，只有大力推进生态文明建设，弥补工业文明时代对生态环境造成的不良影响，才能不断地提高人民的生活质量，满足人民日益增长的对优美生态环境需求。

（2）生态文明建设是改善生态环境和建设美丽中国的必然选择。改革开放以来，我国在经济、政治、文化、社会等各个领域的建设都取得了举世瞩目的辉煌成就。在生态环境方面，积极推进污染防治、节能减排和生态保护等工作，取得的成就也是有目共睹的。但同时也要清醒地看到，我国生态环境形势依然不容乐观，压力持续增大。因此，只有大力推进生态文明建设，才能为我国人民的生产生活创造一个天蓝、地绿、水净的良好生态环境，努力建成人与自然和谐共生的美丽中国。

（3）生态文明建设是保障经济高质量发展和现代化建设的必由之路。环境保护与经济发展同行，将产生变革性力量。我国经济已由高速增长阶段转向高质量发展阶段。加强生态文明建设，坚持绿色发展，改变传统的“大量生产、大量消耗、大量排放”的生产模式和消费模式，使资源、生产、消费等要素相匹配相适应，是构建高质量现代化经济体系的必然要求，是实现经济社会发展和生态环境保护协调统一、人与自然和谐共生的根本之策。

4. 生态文明建设的主要成就

党的十八大以来，党中央以前所未有的力度抓生态文明建设，开展了一系列根本性、开创性、长远性的工作，美丽中国建设迈出了重大步伐，我国生态文明建设和生态环境保护取得了历史性成就。

（1）系统完整的生态文明制度体系加速形成。党中央加强党对生态文明工作的全面领导，更好地加强顶层设计，完善党领导生态文明建设的体制机制，确保党始终总揽全局、协调各方。并相继出台了《关于加快推进生态文明建设的意见》《生态文明体制改革总体方案》，建立健全自然资源资产产权和有偿使用、“多规合一”的国土空间规划体系，以国家公园为主体的自然保护地体系、河湖长制、林长制、天然林草原湿地保护修复、生态保护补偿、环境保护“党政同责”和“一岗双责”、生态文明建设目标评价考核和责任追究等一系列法规制度。全面建立了具有生态文明制度“四梁八柱”性质的体制机制，推动了生态文明领域国家治理体系和治理能力现代化。

（2）绿色发展的生活生产方式逐渐成为常态。绿色发展既是新发展理念的重要一环，也与高质量发展并驾齐驱，互为支撑。特别是把碳达峰碳中和纳入生态文明整体布局，倒逼生产方式和发展方式转型，推动经济发展质量变革、效率变革、动力变革，加快构建现代绿色产业体系、生产体系，建设人与自然和谐共生现代化经济体系，使我国逐渐走出一

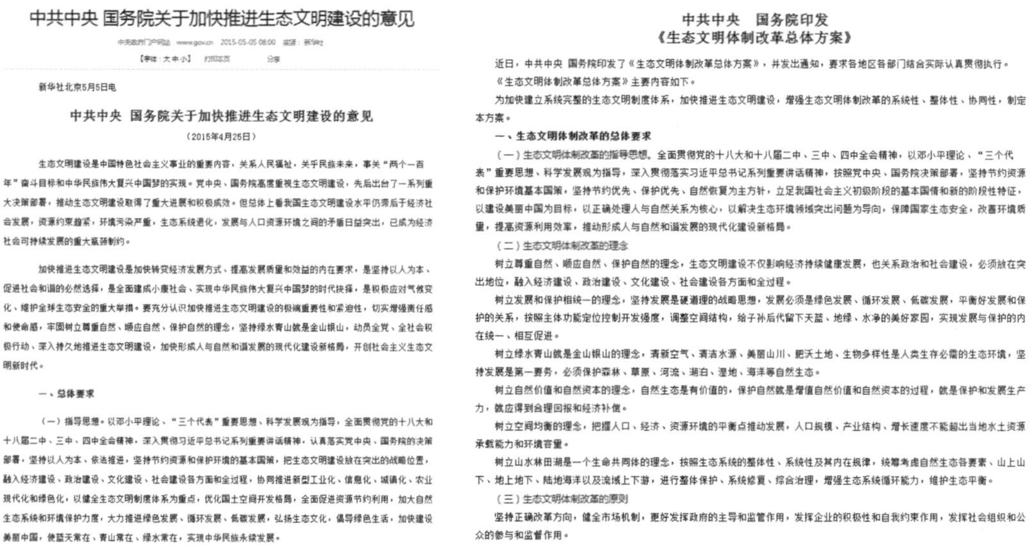

中共中央 国务院关于加快推进生态文明建设的意见

中央政府门户网站 www.gov.cn 2015-05-05 08:00 来源：新华社

【字体：大 中 小】 打印本页 分享

新华社北京5月5日电

中共中央 国务院关于加快推进生态文明建设的意见

（2015年4月25日）

生态文明建设是中国特色社会主义事业的重要内容，关系人民福祉，关乎民族未来，事关“两个一百年”奋斗目标和中华民族伟大复兴中国梦的实现。党中央、国务院高度重视生态文明建设，先后出台了一系列重大决策部署，推动生态文明建设取得了重大进展和积极成效。但总体上看我国生态文明建设水平仍滞后于经济社会发展，资源约束趋紧，环境污染严重，生态系统退化，发展与人口资源环境之间的矛盾日益突出，已成为经济社会可持续发展的重大瓶颈制约。

加快推进生态文明建设是加快转变经济发展方式、提高发展质量和效益的内在要求，是坚持以人为本、促进社会和谐的必然选择，是全面建成小康社会、实现中华民族伟大复兴中国梦的时代抉择，是积极应对气候变化、维护全球生态安全的重大举措。要充分认识加快推进生态文明建设的极端重要性和紧迫性，切实增强责任感和使命感，牢固树立尊重自然、顺应自然、保护自然的理念，坚持绿水青山就是金山银山，动员全党、全社会积极行动、深入持久地推进生态文明建设，加快形成人与自然和谐发展的现代化建设新格局，开创社会主义生态文明新时代。

一、总体要求

（一）指导思想。以邓小平理论、“三个代表”重要思想、科学发展观为指导，全面贯彻党的十八大和十八届二中、三中、四中全会精神，深入贯彻习近平总书记系列重要讲话精神，认真落实党中央、国务院的决策部署，坚持以人为本、依法推进，坚持节约资源和保护环境的基本国策，把生态文明建设放在突出的战略位置，融入经济建设、政治建设、文化建设、社会建设各方面和全过程，协同推进新型工业化、信息化、城镇化、农业现代化和绿色化，以健全生态文明制度体系为重点，优化国土空间开发格局，全面促进资源节约利用，加大自然生态系统和环境保护力度，大力推进绿色发展、循环发展、低碳发展，弘扬生态文化，倡导绿色生活，加快建设美丽中国，使蓝天常在、青山常在、绿水常在，实现中华民族永续发展。

中共中央 国务院印发
《生态文明体制改革总体方案》

近日，中共中央 国务院印发了《生态文明体制改革总体方案》，并发出通知，要求各地区各部门结合实际认真贯彻执行。

《生态文明体制改革总体方案》主要内容如下。

为加快建立系统完整的生态文明制度体系，加快推进生态文明建设，增强生态文明体制改革的系统性、整体性、协同性，制定本方案。

一、生态文明体制改革的总体要求

（一）生态文明体制改革的指导思想。全面贯彻党的十八大和十八届二中、三中、四中全会精神，以邓小平理论、“三个代表”重要思想、科学发展观为指导，深入贯彻落实习近平总书记系列重要讲话精神，按照党中央、国务院决策部署，坚持节约资源和保护环境基本国策，坚持节约优先、保护优先、自然恢复为主方针，立足我国社会主义初级阶段的基本国情和新的阶段性特征，以建设美丽中国为目标，以正确处理人与自然关系为核心，以解决生态环境领域突出问题为导向，保障国家生态安全，改善环境质量，提高资源利用效率，推动形成人与自然和谐发展的现代化建设新格局。

（二）生态文明体制改革的理念

树立尊重自然、顺应自然、保护自然的理念，生态文明建设不仅影响经济持续健康发展，也关系政治和社会建设，必须放在突出地位，融入经济建设、政治建设、文化建设、社会建设各方面和全过程。

树立发展和保护相统一的理念，坚持发展是硬道理的战略思想，发展必须是绿色发展、循环发展、低碳发展，平衡好发展和保护的关系，按照主体功能定位控制开发强度，调整空间结构，给子孙后代留下天蓝、地绿、水净的美好家园，实现发展与保护的内在统一、相互促进。

树立绿水青山就是金山银山的理念，清新空气、清洁水源、美丽山川、肥沃土地、生物多样性是人类生存必需的生态环境，坚持发展是第一要务，必须保护森林、草原、河流、湖泊、湿地、海洋等自然生态。

树立自然价值和自然资本的理念，自然生态是有价值的，保护自然就是增值自然价值和自然资本的过程，就是保护和发展生产力，就应得到合理回报和经济补偿。

树立空间均衡的理念，把握人口、经济、资源环境的平衡点推动发展，人口规模、产业结构、增长速度不能超出当地水土资源承载能力和环境容量。

树立山水林田湖是一个生命共同体的理念，按照生态系统的整体性、系统性及其内在规律，统筹考虑自然生态各要素、山上山下、地上地下、陆地海洋以及流域上下游，进行整体保护、系统修复、综合治理，增强生态系统循环能力，维护生态平衡。

（三）生态文明体制改革的原则

坚持正确改革方向，健全市场机制，更好发挥政府的主导和监管作用，发挥企业的积极性和自我约束作用，发挥社会组织和公众的参与和监督作用。

▲ 水生态文明制度体系若干文件

条不以牺牲环境为代价的绿色现代化新道路。同时，也更加注重14亿人生活方式的绿色转向，倡导简约适度、绿色低碳的生活方式，开展垃圾分类，反对奢侈浪费和不合理消费。节约型机关、绿色家庭、绿色学校、绿色社区已成为人民群众重要的价值理念和行为范式。

（3）生态环境状况持续改善。第三次全国国土调查显示，过去十年（2010—2020年）我国各项生态环境指标都得到了显著提升。全国林地、草地、湿地、河流、湖泊等生态功能强的地类面积增加2.6亿亩[1]。全国重点城市$PM_{2.5}$平均浓度下降了56%，重污染天数减少了87%，成为全球大气质量改善速度最快的国家。全国优良水体比例提高了23.3个百分点，达到84.9%，接近发达国家水平，城市

[1] 1亩≈666.67米^2。

▲ 重庆市永川区河湖美景

黑臭水体基本消除，群众饮水安全得到了有效保障。全国土壤环境质量发生了基础性变化，建成涵盖8万个点位的国家土壤环境监测网络。全国淘汰落后和化解过剩产能钢铁达到了3亿吨，淘汰老旧和高排放机动车辆超过3000万辆。我国生态文明建设取得的成就，得到了广大人民的衷心拥护，也得到了国际社会的广泛肯定。

（4）应对气候变化的大国担当和民族智慧得到充分体现。党中央始终以大国思维、全球视野、国际眼光推动人与自然生命共同体建设，并基于此构建和促进人类命运共同体。从联合国巴黎气候大会提出《巴黎协定》四点建议，到G20杭州峰会达成《二十国集团落实2030年可持续发展议程行动计划》；从“一带一路”到“绿色一带一路”；从联合国生物多样性峰会上提出“人与自然是命运共同体”，到第七十五届联合国大会宣布“双碳目标”，再到气候领导人峰会上再度倡导“共同构建人与自然生命共同体”；从第七十六届联合国大会强调坚持人与自然和谐共生、完善全球环境治理，到COP15（指2020年联合国生物多样性大会）阐述地球生命共同体理念，再到绿色北京冬奥会，中国的生态文明建设已经完全进入了全球和世界的大视野、大舞台。中国全球生态文明建设重要参与者、贡献者、引领者的实际行动和成效有目共睹。

知识拓展

绿水青山就是金山银山

安吉县是习近平总书记“绿水青山就是金山银山”理念的诞生地。2016年6月安吉县被原环境保护部列为“绿水青山就是金山银山”理论实践试点县，2017年9月被生态环境部命名为第一批“绿水青山就是金山银山”实践创新基地。多年来，安吉县充分发挥生态环境优势，率先转变发展方式，关闭污染严重的矿山企业，从过去的靠山吃山到现在的养山富山，“腾笼换鸟”大力探索绿色发展之路，以竹产业、白茶产业、全域旅游、乡村旅游为主体，实现“绿水青山就是金山银山”的转化，持续护美绿水青山，做大金山银山，共享“绿水青山就是金山银山”转化成果，初步探索出了一条生态美、产业兴、百姓富的可持续发展路子，让群众有了更多的获得感、幸福

感，形成了主题鲜明、亮点纷呈的生态文明与“绿水青山就是金山银山”建设的“安吉实践”“安吉经验”。通过加大生态保护、环境整治力度，深入开展治水治违、治气治霾、治土治废等“六治”行动，使森林覆盖率、植被覆盖率均保持在70%以上，空气质量优良率保持在90%以上，地表水、饮用水、出境水达标率均为100%。

2018年，安吉竹产业总产值225亿元、白叶一号产值25.31亿元，城乡居民可支配收入分别达到52617元和30541元。

第二章

你中有我，我中有你：水是生态之基

水是自然界的基本要素，是生态系统得以维系的基础，不仅对于水域生态系统，而且对于陆域生态系统也不可或缺。

◎ 第一节 水与生态密不可分

一、水是所有生物体的基础和新陈代谢的介质

水分子由两个氢原子和一个氧原子组成，由于氧比氢具有强得多的吸引电子的能力，使得水分子的正负电荷中心不重合，因此具有强极性，介电常数高达 81 法 / 米。由于水的强极性，弱极性的碳氢化合物才能在水的环境下形成和进化，不至于溶解其中，最终形成碳水化合物和生命。也正是由于水的强极性，绝大多数无机物质和部分有机物质都能够被水溶解，因此所有生物的新陈代谢都是以水为介质进行的。生物体内营养物质的运输、废物的排除、激素的传递以及生命赖以存在的各种生物化学过程，都必须在水溶液中进行。同时，植物还需要利用叶片的蒸腾作用来调节内部的温度，并为水和无机盐的向上运输提供动力。因此，无论是动物，还是植物，都需要大量的水，才能保持自身的生存和生长，水是维持生命和生态系统的必需条件和必备物质。

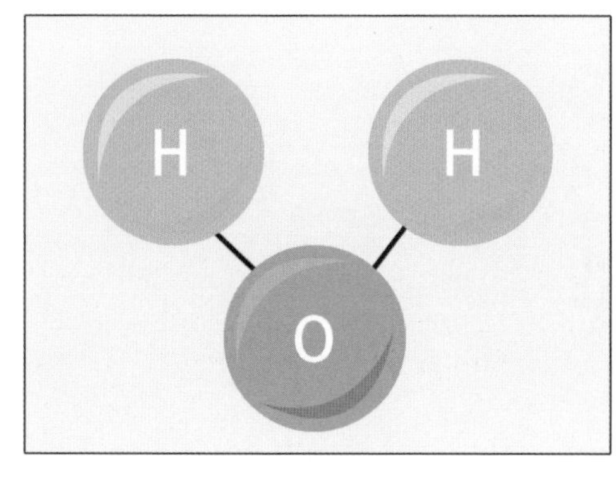

▲ 水分子结构

二、水为所有水生生物提供生存空间

生命起源于水中，至今大多数生命仍然生活在海洋、湖泊和河流中。水在结冰时，由于氢键的缔合作用，每个水分子与另外三个水分子结合形成正四面体结构，造成体积膨胀而变轻；在 0 ~ 3.98℃，水不遵循“热胀冷缩”的这一普遍的物理规律，而是在 3.98℃时候的密度最大。“冰轻水重”使得漂浮的冰层覆盖于水体表面，阻止水体热量散失，同时较高温度的水体下沉，保证了底部水体具有较好的越冬环境。水无色透明，对可见光的吸收比较小，使深水植物也能发生光合作用，从而维护着湖泊和海洋深处的水生态系统；同时，水对红外和紫外光的吸收能力强，能够保护浮游生物免受紫外线的伤害。这些重要特性，使得水为众多水生生物提供了良好的生存和栖息空间，并为大量依靠捕食水生生物为生的鸟类提供了地表环境。

▲ 黑龙江省齐齐哈尔扎龙湿地

三、水流是地表环境塑造、物质能量输移和生物信号传递的基本形式

自然界的很多搬运和沉积过程都与水有关，液态或固态的水通过重力流和牵引流，作为搬运和沉积介质，携带沉积物进行着长期的地质运动，从而形成各式各样的地貌形态。在此过程中，也伴随着泥沙、营养盐等物质从山区到平原，从岩石到水体，从溪流到江河湖海的迁移，为平原的形成、发展以及水体里大量水生生物的生长提供了必要的营养物质。水的落差在重力作用下形成动能，可以用于水力发电，即将水的势能和动能转换成电能。此外，水流的节律性变化，还是鱼类洄游产卵等生命活动的重要信号。例如在春天，水温和流量的双重增加，刺激鱼类的性腺快速发育成熟，并为鱼类洄游指明了方向。适宜的水流成为地表环境物质流、能量流、生物流、信息流的基本形式和畅通条件。

▲ 河南省三门峡黄河湿地

◎ 第二节 丰富多彩的水域生态系统

水域生态系统，是指在一定的空间和时间范围内，水域环境中栖息的各种生物和它们周围的自然环境所共同构成的基本功能单位。按照水域环境的具体特征，水域生态系统可以划分为淡水生态系统和海洋生态系统。淡水生态系统又可以进一步划分为河流生态系统、湖泊生态系统和湿地生态系统等。

一、河流生态系统

河流生态系统是指河流水体的生态系统，属于水生态系统的一种，是陆地和海洋联系的纽带，在生物圈的物质循环中起着主要作用。河流生态系统由生命系统和生命支持系统两大部分组成，生物是河流的生命系统，生境是河流生物的生命支持系统。两者之间相互影响、相互制约，形成了特殊的时间、空间和营养结构，具备了物种流动、能量流动、物质循环和信息传递等功能。

▲ 四川阿坝若尔盖县九曲黄河第一湾

河流生态系统的演进是一个动态过程，不同因子产生动态变化的时间是不同的，如地貌和气候变化，其时间尺度往往是数千年到数百万年；河流的演进变化，也至少有数千年的历史。

二、湖泊生态系统

湖泊生态系统是湖泊与生物群落、各种有机和无机物质之间相互作用与不断演化的产物。地球上湖泊生态系统的总面积约为 270 万千米^2，约占陆地生态系统面积的 1.8%。我国共有湖泊 24800 多个，其中面积在 1 千米^2 以上的天然湖泊约有 2800 多个。长江中下游地区分布着中国最大的淡水湖群，而西部以青藏高原湖泊较为集中，多为内陆咸水湖。

与河流生态系统相比，湖泊生态系统流动性较差，含氧量相对较低，更容易被污染。湖泊生态系统由水陆交错带与敞水区生物群落组成，具有调蓄洪水、改善水质、为动物提供栖息地、调节局部气候、为人类提供饮水与食物等功能。

▲ 河南安阳林州万泉湖

三、湿地生态系统

湿地生态系统是地球上最重要的生态系统之一，也是介于陆地生态系统与水生生态系统之间的独特、复杂的生态系统。地球上由湿地覆盖的面积仅占地球总面积的6%，但湿地却养育了地球上20%的物种。陆生动植物和水生动植物都在这里繁衍生息。它的作用像肾脏对人体的作用一样，能够将污浊的泥水化作涓涓细流，被誉为“地球之肾”。湿地自净能力很强，其中多种多样的植物、微生物可以吸收各种污染物使水体净化。

中国湿地面积占世界湿地面积的10%，位居亚洲第一位、世界第四位。在中国境内，从寒温带到热带、从沿海到内陆、从平原到高原山区都有湿地分布。根据不同的结构功能特征将湿地划分为不同的等级系统。《关于特别是作为水禽栖息地的国际重要湿地公约》（简称《湿地公约》）中将湿地划分为咸水湿地、淡水湿地和人工湿地三大类。

湿地是地球上最富生物多样性的生态景观和人类最重要的生存环境之一。在联合国《生态系统与人类福祉：湿地与水综合报告》中曾指出“湿地提供了众多促进人类福祉的生态系统服务，这些服务包括提供鱼类、供

▲ 珠海国家湿地公园

▲ 三江平原湿地生态系统

水、净化水质、调节气候、保护海滨、休闲娱乐的机会以及越来越多的旅游机会”。湿地蕴含着巨大的生产力和经济价值。实验表明，三江平原芦苇湿地对水中有毒化学元素铅、锰等的净化率大多可达90%以上，对农田排水中氮磷营养物的净化率非常明显。

四、海洋生态系统

地球是一个广阔无垠的蔚蓝色“水球”，海洋表面积约占地球表面积的71%，海洋是地球上最大的水库，是地球气候的调节器，是海洋生物的栖息地。海洋生态系统是海洋中所有生物群落及其环境相互作用所构成的自然系统，它是生物圈内部最大的生态系统。

广义而言，全球海洋是一个大生态系统，其中包含许多不同等级的次级生态系统。若按海区划分，一般分为海岸带生态系统、大洋生态系统、上升流

▲ 海洋生态系统

生态系统等；按生物群落划分，一般分为红树林生态系统、珊瑚礁生态系统、海洋藻类生态系统等。

◎ 第三节 陆地生态系统也离不开水

陆地生态系统是指特定陆地生物群落与其环境通过能量流动和物质循环所形成的一个彼此关联、相互作用并具有自动调节机制的统一整体。陆地生态系统约占地球表面积的1/3，它为人类提供了居住环境以及食物和衣着的主体部分，是地球上最重要的生态系统类型。陆地生态系统的分化与分布受多种因素的影响，其中起主导作用的是海陆分布和由于各地太阳高度角的差异所导致的太阳辐射量和季节变化，以及与太阳辐射量相联系的水热状况，即水和温度。

水是陆地生态系统最活跃的控制性因素，是森林、湿地、草地、荒漠等不同生态系统景观格局的决定因素，也是物质与能量传递的核心媒介。植被是陆地生态系统中最重要的组分之一，以植物为例，水在植物体内的重要生理作用有以下几个方面：

（1）水是植物原生质的主要成分。原生质的含水量一般为80%～90%，这些水使原生质呈溶胶状态，从而保证了新陈代谢旺盛地进行。如果含水量减少，原生质会由溶胶状态变成凝胶状态，生命活动就大大减弱，如果细胞失水过多，就可能引起原生质破坏而导致细胞死亡。

（2）水是植物新陈代谢过程的反应物质。植物在光合作用、呼吸作用、有机物的合成和分解的过程中，都必须有水分子参与。

（3）水是植物对物质吸收和运输的溶剂。一般说来，植物不能直接吸收固态的无机物和有机物，这些物质只有溶解在水中才能被植物吸收。同样，各种物质在植物体内的运输也必须溶解于水中才能进行。

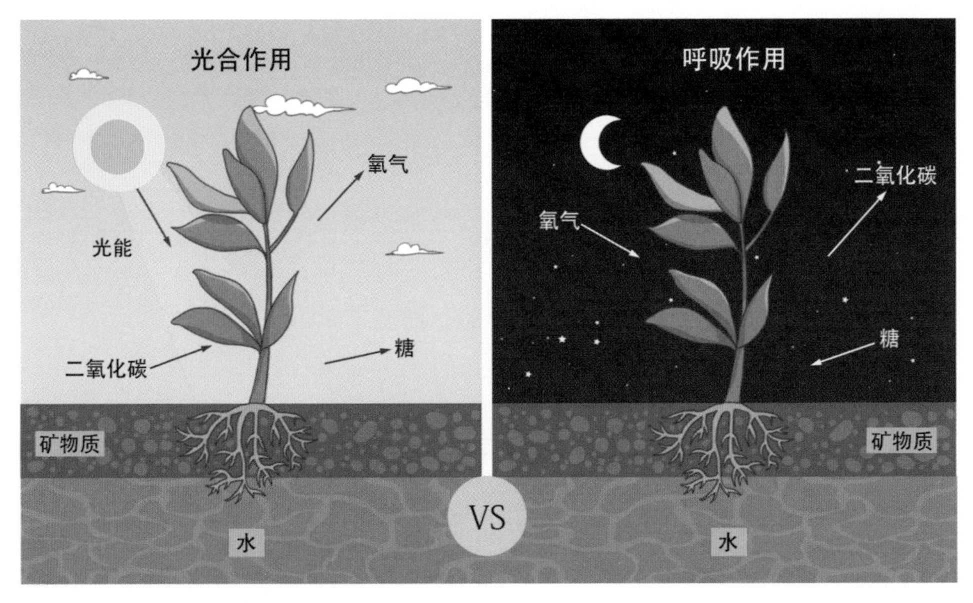

▲ 水是植物生长发育的决定性因素

（4）水能保持植物体的固有状态。细胞含有大量水分，能够维持细胞的紧张度（即膨胀度），使植物体的枝叶挺立，便于充分接受光照和交换气体，同时也使花朵开放，有利于传粉。

（5）水能维持植物体的正常温度。水具有很高的汽化热和比热，又有较高的导热性，因此水在植物体内的不断流动和叶面蒸腾，能够顺利地散发叶片所吸收的热量，保证植物体即使在炎夏强烈的光照下，也不致被阳光灼伤。

综上所述，植物体内的水分涉及许多重要的植物生理活动，同时水又是植物体与周围环境相互联系的重要纽带。植物的水分代谢一旦失去平衡，就会打乱植物体的正常生理活动，严重时能使植物体死亡。可见水是生命发生的环境，也是生命发展的条件，是支撑陆地生态系统的重要因子。

第三章

和谐与共生：人与生态的关系

在人类社会的发展历程中，人与自然始终是相互影响、相互作用的。人们不断尝试着改变生态环境，创造出更加有利于人类生存的环境，而生态环境也不断影响着人类。

◎ 第一节 人与其他生物的关系

地球上有多少种生物？这个问题在2021年上海交通大学和《科学》杂志联合发布的《125个科学问题：探索与发现》中被提出。据统计，从地球诞生之日算起，地球上总共出现过约10亿个物种，截至目前留下来的不足1%，仅剩800万～1000万个物种。1758年，瑞典科学家林奈最早发明了物种分类和命名的方法，此后生物学家、生态学家和分类学家先后对全球约140万种生物进行了命名或简单描述。2011年，美国科学家莫拉在《公共科学图书馆·生物学》发表了一篇关于地球物种数量预测的文章，认为地球总共拥有约870万个物种，包括777万种动物、29.8万种植物、61.1万种真菌、3.64万种原生动物、2.75万种藻类。还有研究表明，陆地上约有86%、海洋中约有91%的物种还没有被人们发现和分类。

地球充满生物多样性，且拥有完整独立的生态系统，但现有的科技水平很难对其进行极致的探索，仍有许多生存在未知区域的物种，尚未被人们发现。2006年，科学家们在印度尼西亚的山区丛林中，发现一处“失落的世界”，发现了20多种新蛙类、4

(a) 黑蜜雀

(b) 贝尔普施六翎天堂鸟

▲ 新几内亚岛新发现的鸟类物种

种新蝴蝶以及包括 5 种新棕榈品种的植物种类。同时，还发现了一种新的黑蜜雀，其面部有明亮的橘色斑纹，这是 60 多年来人们首次在新几内亚岛这个“鸟类天堂”发现的新鸟类品种。此外，还发现了许多在外界已经濒临灭绝的物种——贝尔普施六翎天堂鸟，雄鸟头上有 6 根 4 英寸[1]长的精美羽毛，在向雌鸟求爱时，这些羽毛会立起并摆动，过去只在 19 世纪的收藏品中看到过它。

一、地球历史上的五次生物大灭绝

生物大灭绝是指大规模的集群灭绝，又称生物绝种，即整科、整目甚至整纲的生物在很短的时间内彻底消失或仅有极少数存留下来。2011 年，《自然》杂志上发表了一篇令人瞩目的文章，科学家们详细总结了化石记录和现代物种灭绝中可搜集的所有资料，将地球上的大灭绝事件定义为在 200 万年内有超过 75% 的生物遭到灭绝的事件。同时指出，每 6200 万年会有一个自然循环，且灭绝率会升高一次。

[1] 1 英寸 =2.54 厘米。

在地球生命系统的35亿年演化过程中，共经历过五次生物大灭绝。

第一次生物大灭绝发生在4.4亿年前的奥陶纪末期，由于当时地球气候变冷和海平面下降，导致生活在水体的各种无脊椎动物荡然无存，约85%的物种灭绝。

第二次生物大灭绝发生在3.65亿年前的泥盆纪晚期，其原因也是地球气候变冷和海洋退却，海洋生物遭受了灭顶之灾。

第三次生物大灭绝发生在2.5亿年前的二叠纪末期，90%的海洋物种和几乎70%的陆地脊椎动物物种遭到毁灭。其中三叶虫、海蝎以及重要珊瑚类群全部消失，陆栖的单弓类群动物和许多爬行类群也灭绝了。灾难的主要原因是气候突变、沙漠范围扩大、火山爆发等。

第四次生物大灭绝发生在2亿年前的三叠纪晚期，约有76%的物种灭绝。其中主要是海洋生物灭绝，此次灾难并无特别明显的标志，推测是

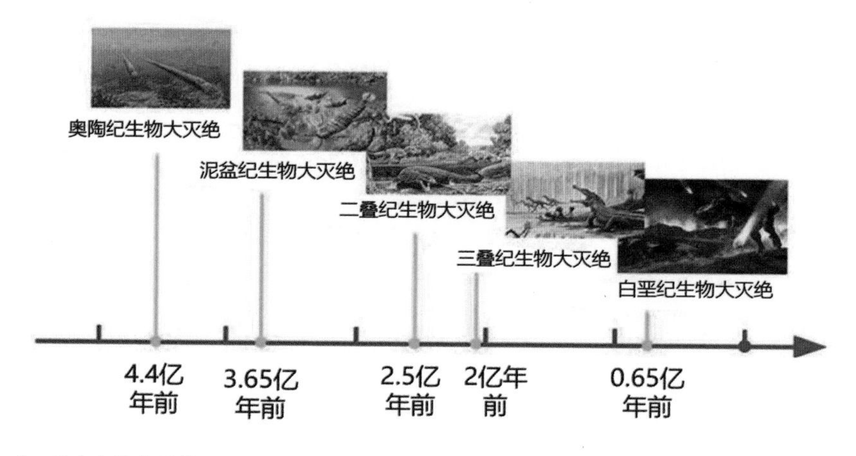

▲ 五次生物大灭绝

由于海平面下降之后又上升，出现大面积海水缺氧导致。

第五次生物大灭绝则发生在6500万年前的白垩纪末期，科学家们猜测，当时地球遭到巨大的陨石的碰撞，毁灭了包括恐龙在内的80%的地球物种。

二、人类主导的第六次生物大灭绝

“我们正在步入又一次类似的物种大灭绝时期，届时地球上的所有人将会被极其轻易地毁灭掉。”美国斯坦福大学的生物学家保罗·埃利希同来自普林斯顿大学和加州大学伯克利分校等高校的研究人员，在《科学进展》杂志上发表的一份报告指出，地球可能正迎来第六次物种大灭绝。

人类出现以后，极大地改变了生物之间的生存竞争法则，使得物种灭绝的速度越来越快。有关物种灭绝的记载显示，大型哺乳动物、鸟类和爬行动物灭绝可追溯到17世纪，包括渡渡鸟（17世纪灭绝）、斯特勒海牛（18世纪灭绝）和罗德里格斯巨龟（19世纪灭绝）。更多的物种灭绝记录可以追溯到19世纪，包括许多哺乳动物和鸟类物种。爬行动物、两栖动物、淡水鱼和其他生物灭绝的记录主要是从20世纪初开始记录的。在国际自然保护联盟（IUCN）评估的脊椎动物分类群中，记录了338种物种的“灭绝”，另有279种物种已“灭绝于野外”或被列为“可能灭绝”。特别是19世纪工业革命以后，由于人类只注意到生物的直接价值，对其肆意地加以开发，而忽视了生物多样性间接价值或潜在价值，使地球的生物多样性遭到了巨大的破坏，477种脊椎动物的灭绝均发生在1900年之后。而据《世界濒危动物红皮书》对地球动植物资源的调查统计，目前还有593种鸟、400多种兽、209种两栖爬行动物和2万多种高等植物濒于灭绝。

在物种灭绝率的分析中，通常使用背景物种灭绝率这一指标进行表征，一般认为每年每百万个物种中会有0.1～1个物种灭绝。据2004年世界自然保护联盟濒危物种红色名录估计，现在的物种灭绝率是背景灭绝率的100～1000倍（有些激进者甚至认为已经达到了1万倍），这是过去任何一次大灭绝事件的10～100倍，现在平均每天都有75种生物灭绝。

据我国原国家环境保护总局的统计，我国在20世纪有6种大型兽类相继灭绝，分别为普氏野马（1947年野生灭绝）、高鼻羚羊（1920年灭绝）、新疆虎（1916年灭绝）、中国大独角犀（1920年灭绝）、中国小独角犀（1922年灭绝）、中国苏门犀（1916年灭绝）。进入21世纪之后，先后有长江鲥鱼、白鱀豚被宣告功能性灭绝，2019年长江白鲟被宣告灭绝。

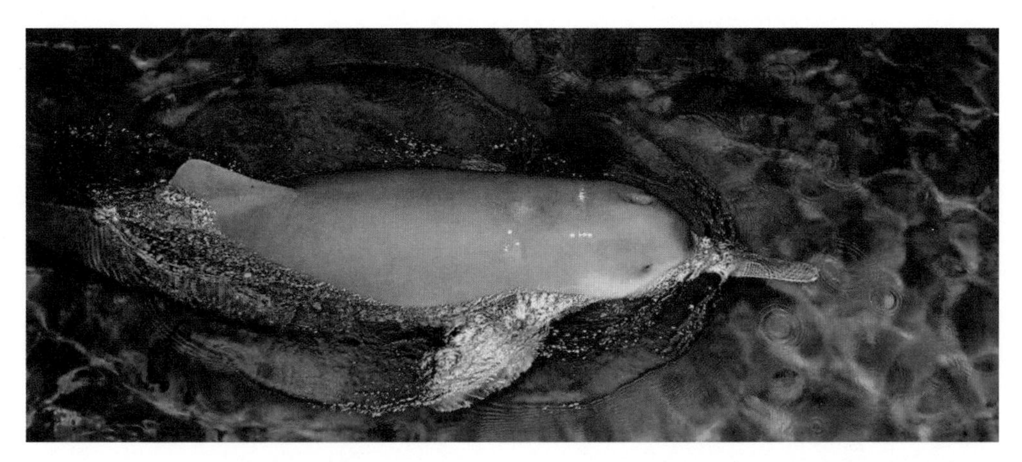

▲ 世界上唯一人工饲养的白鱀豚——淇淇（2002年死亡后，再也没有确切的白鱀豚活体记录）

知识拓展

白鱀豚

白鱀豚是中国特有的一种淡水鲸，被誉为“长江女神”“水中大熊猫”。历史上从三峡地区的宜昌葛洲坝上游35千米处，一直到上海附近的长江入海口，包括洞庭湖和鄱阳湖在内，全长约1700千米的江水中都有白鱀豚的分布。

白鱀豚借助其特有的声呐系统，能迅速而准确地辨位导航、通信联络、捕获食物、逃避敌害，以维持自身的繁衍生息。经科研人员研究证实，白鱀豚声呐系统的回声定位能力、抗干扰性、灵敏度和分辨率等都远优于世界先进的声呐技术。因此，研究和揭示白鱀豚声呐系统的奥秘在仿生学和军事科学领域具有极高的科研价值。白鱀豚的大脑重量近500克，大脑皮层具有复杂的沟回，中枢神经系统高度发达，智力水平与大猩猩相当。其大脑的两个半球能够同时分别处于觉醒和睡眠状态，并可以有规律地进行轮换。这对于生物学和生理学领域有着重要的研究意义。此外，由于白鱀豚在中国长江流域已经生活了约2500万年，是中新世及上新世延存至今的古老孑遗生物，因此白鱀豚也是人类研究鲸类进化的珍贵“活化石”。

20世纪后期，由于人类活动造成的长江航运频繁、水质污染以及鱼类资源的匮乏等多方面因素的影响，白鱀豚的数量急剧下降，分布范围也局限于长江中下游及与其连通的洞庭湖、鄱阳湖、钱塘江等水域中。1988年，白鱀豚被列为中国一级重点保护野生动物。20 世纪 90 年代，白鱀豚在洞庭湖与鄱阳湖已经绝迹，在长江的分布范围上限也已移至葛洲坝下游 170 千米处的荆州附近，其下限缩减更为严重，到南京附近就已踪迹罕至。在 1997—1999 年的观测中，南京下游的江阴以下就再未有发现。2000—2004 年的几次观测中，其分布主要限于长江铜陵段、九江段和洪湖段三个区域。最后一次得到证实在野外发现白鱀豚，是 2004 年 8 月在长江南京段发现的一头搁浅尸体。2006 年 11 月 6 日至 12 月 13 日，近 40 名科学家对宜昌到上海长江中下游的干流 1700 千米江段进行地毯式搜索，未发现一头白鱀豚。2007 年 8 月 8 日，《皇家协会生物信笺》期刊发表报告，正式公布白鱀豚功能性灭绝。2018 更新的《世界自然保护联盟濒危物种红色名录》（IUCN）中，暂未确认白鱀豚灭绝，仍保持原定评级“极危”。现在只能祈祷奇迹会发生，祝愿白鱀豚仍在长江的某个江段栖息着。

◎ 第二节 人与生态系统的关系

随着人口的增长和科学技术的进步，人类对地球生态系统的作用和影响越来越显著。在过去的三个世纪，地球人口增长了 10 倍，仅 20 世纪，就增加了约 40 亿人，仅几代人就消耗了过去几亿年所形成的化石燃料；大面积地表土地利用类型被改造，并产生了影响生物多样性、营养物循环、土壤结构、气候等方面的明显后果；人类直接或间接使用水资源已超过所有净水资源的1/2，许多地区的地下水资源已经面临枯竭；海洋鱼类已有22%被过度捕捞或已经枯竭，44%的海洋鱼类被捕捞到极限。

人类通过对生态系统各组分的影响，使系统的物质和能量流动发生改变，从而对生态系统的结构和功能产生影响，导致生态系统的变化。其影响通常分为正、负两个方面。

一、人类活动对生态系统造成的负面影响

人类活动对生态系统造成的负面影响主要体现在对生物群落平衡和非生物成分平衡两个方面。

1. 人类活动对生物群落平衡的影响

在生物群落的平衡中，绿色植物具有维持生态平衡的作用。绿色植物位于食物链的初始环节，是生产者，由它的光合作用所产生的物质和能量通过食物链流向动物和微生物，促进了生态系统的物质循环和能量流动，使生态系统处于动态平衡之中。如果植物群落的异质性强，其维持生态平衡的功效就更显著。随着人口的增长，人类的需求不断提高，滥伐树木、过度放牧等活动使绿色植物受到严重破坏，使以植物为食或与植物共生的生物种群受到了影响，造成生态系统中植物种群之间、动植物种群之间平衡的失调，削弱了绿色植物净化空气、涵养水源、保持水土、防风固沙、调节气候等维持生态平衡的能力，从而产生了水土流失、土地荒漠化、生物多样性减少、温室效应等生态问题。

2. 人类活动对非生物成分平衡的影响

在非生物成分的平衡中，主要包括生物活动空间和参与物质代谢的各种物质。其中，生物活动空间即生境，包括陆地生境和水生生境；参与物质代谢的物质主要有碳、氮、磷、硫、钾和水等，它们是生命系统的限制性因素。这些要素的平衡是通过物质和能量的循环来实现的。人类通过改变生态系统的生境、改变一些要素的循环度，进而对生态系统施加影响。

（1）人类活动对生境的影响。土地开垦、资源开采、森林采伐、过度放牧、城市化等多种人类活动导致陆地和水生生境改变和破碎化，破坏了生态系统中生物与环境的平衡，损害了生态系统维持生物多样性的功能。毁坏生物的栖息地或分割栖息地，会造成物种的灭绝和生物多样性的减少。

（2）人类活动对生物地球化学循环的影响。生命系统的主要限制性因素，如碳、氮和水等的循环有两条主要流动途径：生物循环和地球化学循环。这两种循环通常连接在一起成为生物地球化学循环，生态系统物质和能量的循环主要通过该循环进行。人类对生物地球化学循环的影响主要包括以下几个方面：

1）改变碳循环。人类的生产活动，尤其是化石燃料燃烧和土地利用变化，导致岩石、生物体和土壤中的碳以 CO_2 的形式释放到大气中，促使大气中 CO_2 浓度的增加。与此同时，CO_2 浓度的提高会使地

消失的物种与正在敲响的警钟

时间：2023-04-10 16:13:13　来源：环境经济　作者：禾刀

这是一组令人窒息的数据：地球上有78亿人，但只有201只鸮鹦鹉；美国加利福尼亚州内华达山脉上的巨杉马克·吐温“生”于550年，于1891年被人砍倒。这棵巨杉原本可以再活1500年；草原西貒进化了800万年，而人类在不到50年的时间里就让它们陷入了生存危机；鲨鱼在这个星球上生存了约8.2亿年，比恐龙还要早至少1.5亿年，而人类正以每小时10000条的速度屠杀鲨鱼……在比阿特丽斯·福歇尔创作《正在消失的物种》的18个月里，有107个物种宣告灭绝。也就是说，至少18个月前，这些物种还可以与人类为伴，在生物链中发挥作用，而现在它们只能变成化石般的记忆。

近年来，关于物种危机的科普著作很多，几乎每一次都会沉重的撞击读者的心灵。初读《正在消失的物种》时我还奇怪，为什么要用那么多手绘插图。看了作者比阿特丽斯·福歇尔履历才发现，原来她的本职就是干刻版画艺术家，而物种环境保护是她多年来一直努力的方向。单从这些画作来看，颜色单调得近乎死板，看不到一丝生气，让人有一种睹画自哀的感觉。

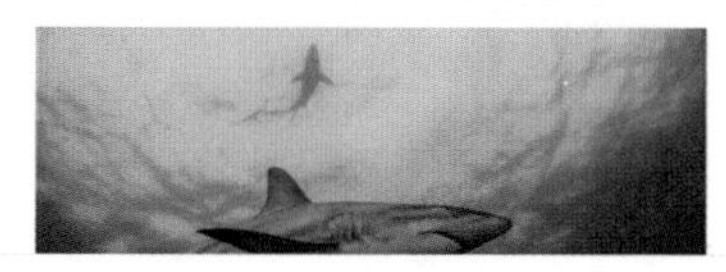

▲ 人类活动对生境的影响

球表面的温度稳步上升，进而诱发气候变暖，引起海平面上升、温度带的转移、降水量的变化，造成气候异常。

2）改变氮循环。氮循环是地球上维持生命系统的最基本环节之一，人类通过生产无机氮肥、种植豆科植物、燃烧矿物燃料等活动提高氮循环的通量，各自产生的氮通量分别占产生氮总量的 60%、25% 和 12% 左右。农业、化石燃料的燃烧、土地利用的变化等人类活动对氮循环的影响已经超过了自然过程，河流中氮素的提升引起了大多入海口富营养化。

3）改变水循环。人类通过农业、林业、牧业和城市化等活动开发利用水资源，改变河道、土地覆盖等方式，从而改变水循环中水分的分布，影响自然界的水循环。此外，人类活动还改变了地下水的迁移，使生态系统的抗干扰能力受到影响。如果地下水的开采超过自然补给，会使地下水位下降，并使地面沉降或造成海水的入侵。

▲ 地下水超采造成地面沉降

二、人类对于生态系统的正向恢复和改造

随着人们对生态环境与社会经济关系认识的深化，人类活动对生态系统的正向促进和恢复逐渐受到重视。为促进经济社会与生态环境可持续发展，一般通过采取以下措施来恢复或保育生态系统服务功能。

1. 生态系统管理

生态系统管理是实现生态系统可持续性的有效方法。一般由明确目标驱动，以监测和对生态系统相互作用的充分理解为基础，由政策、协议及实践执行，综合协调生态学、经济学和社会学原理，从而使生态系统组分、结构和功能达到可持续发展。

2. 生态产业工程

生态产业工程是应用生态系统中物种共生与物质循环原理、结构与功能协调的原则，结合系统分析的最优化方法，设计分层多级利用物质的生产工艺系统。其目标就是在促进自然界良性循环的前提下，充分发挥资源的生产潜力，防治环境污染，达到经济效益与生态效益同步发展。

3. 生态恢复与重建

生态恢复与重建是根据生态学原理，通过一定的生物、生态以及工程的技术与方法，人为地改变和切断生态系统退化的主导因子或过程，调整、配置和优化系统内部及其与外界的物质、能量和信息的流动过程及其时空秩序，使生态系统的结构、功能和生态学潜力尽快地恢复到一定的、原有的甚至更好水平。生态恢复与重建为整治与恢复已退化生态系统以及重建可持续的人工生态系统提供了途径。

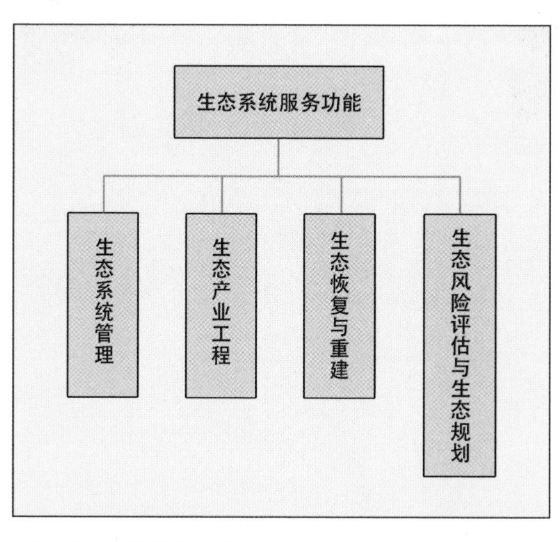

▲ 生态系统服务功能

4. 生态风险评估与生态规划

生态风险评估即利用生态学、环境化学及毒理学的知识，定量地确定环境危害对人类负效应的概率及其强度的过程。生态规划即以生态学原理和城乡规划原理为指导，应用系统科学、环境科学等多学科的手段辨识、模拟和设计人工复合生态系统内的各种生态关系，确定资源开发利用与保护的生态适宜度，探讨改善系统结构与功能的生态建设对策，促进人与环境关系持续协调发展的规划方法。

◎ 第三节 人是生态的一部分

人类不仅是生态系统的重要组成部分，而且与各种生物成分和物理环境之间存在紧密联系。从达尔文创立进化论以来，越来越多的人认识到人类起源于自然界，是自然界的产物。马克思在其广义的自然概念中，把人看作是自然界的一部分，他指出，“人直接地是自然的存在物”“人靠自然界生活”，因此“人是自然界的一部分”。

长期以来，人类并没有客观认识人与自然的关系，只把自己当作掠取的对象，导致人与自然关系失调。随着社会经济的发展和科学认识的进步，人与自然的关系逐渐成为生态学领域研究热点之一，确立了人类是生态系统普通一员的基本观点。其一，人类是生态系统从低级向高级演化过程中孕育的产物。在距今 2 亿年左右，随着动植物的不断演化出现了灵长类，灵长类的一支——古猿继续发展，在距今200万年左右出现了人类。人类的产生是生态系统不断演化的结果，是生态系统不断优化到一定阶段的产物。正如恩格斯所说：“我们连同我们的肉血和大脑都是属于自然界和存在于自然界之中的。”其二，生态系统是人类生存发展的基础。生命要生存需要基本的自然条件，如阳光、温度、水、营养等。作为生态系统产物的人类毫无特殊之处，脱离不了生态系统的怀抱。离开生态系统的精心呵护，人类文明将会夭折；没有适宜的家园，人类将成为没有立锥之地的“游魂野鬼”。

总的来说，世界上任何地方的生态系统失去平衡，都将通过气候变化、洋流变化和物质循环变化给全球带来灾难。幸运的是，人类社会发展和技术进步，有可能通过提高资源利用效率和环境净化能力，减少人类活动对自然环境影响和破坏，从而减少自然灾害和提高人类生活质量。因此，人类社会实现可持续发展的根本就是要解决好人与自然和谐相处的问题。

▲ 保护动物海报

知识拓展

人类的历史

如果把地球的46亿年历史比作现今的1年，那么在这1年中，地球形成于1月，地壳于2月凝结，海洋在3月产生，最早的生命诞生于4月，形成化石则已是5月3日。到12月中旬时，恐龙成为当月的主宰，灵长类的足迹晚至12月26日才开始出现。人类的历史，如以300万年计，则直至这1年的12月31日下午的18时24分，方才姗姗来迟，恰好赶在“除夕”之日的《新闻联播》之前，成为这1年最具爆炸性的新闻。

第四章

鱼儿离不开水：水生态需要保护

维护水生态系统的结构和功能是人类义不容辞的责任。

◎ 第一节 人类文明起源与发展离不开水生态的支撑保障

一、四大文明古国与水生态

在人类历史的长河中，古埃及文明（尼罗河流域）、古巴比伦文明（两河流域）、古印度文明（印度河流域）和中华文明（黄河流域）就像一颗颗明珠，辉煌闪耀过很长时间，但都离不开河流和水生态的支撑。

1. 古埃及文明与尼罗河流域

古埃及人得益于尼罗河每年七月的周期性泛滥，它从非洲中部高原出发，携带大量沃土肥泥流向地中海，形成了由淤泥和有机质构成的富饶的河口三角洲，成为古埃及人的粮仓，支撑起一个庞大文明的发展，矗立至今的金字塔仍在诉说着它过往的荣耀。

2. 古巴比伦文明与两河流域

在西亚的幼发拉底河和底格里斯河河畔，有一块“太阳升起的东方大地”，也是《圣经》中亚当和夏娃的寄身之所“伊甸园”。古巴比伦人在这里建立了宏伟的城邦，它就是古巴比伦文明的发祥地——美索不达米亚平原。由于幼发拉底河高于底格里斯河，古巴比伦人便由幼发拉底河引水进行农田灌溉，然后排水至底格里斯河，最终进入大海，支撑了灿烂的古巴比伦文明。

3. 古印度文明与印度河流域

印度河流域面积广阔、森林繁茂、河水充沛、落差较小，经过千万年的沉积形成了厚达 180 米的冲积层，土壤肥沃且为酸性，通常不会发生盐渍化，生态系统相对稳定，被人们称作是大自然对印度民族的慷慨馈赠，哺育滋养了悠久的古印度文明。

4. 中华文明与黄河流域

黄河流域是中华文明的发祥地，早期的黄河流域，气候温和、湿润多雨、植被茂密，很适合农作物的种植和生长，因而孕育了多样而灿烂的文化。在这片土地上，曾有蓝田人、河套人和丁村人的身影，留下了仰韶文化、龙山文化和许家窑文化的辉煌，中国古代文化中心咸阳、西安、洛阳、开封和商丘也曾坐落于此。

(a) 古埃及

(b) 古巴比伦

(c) 古印度

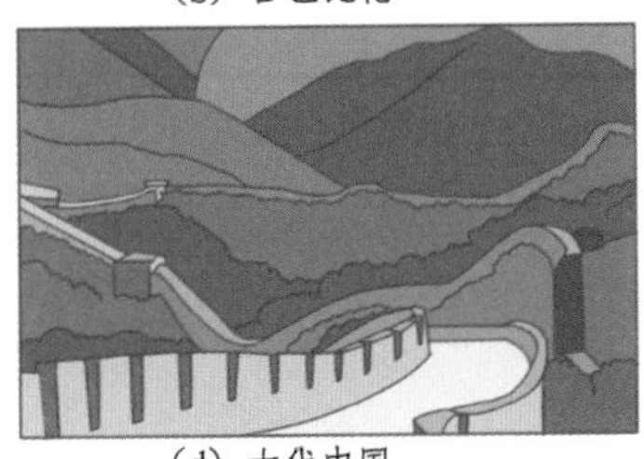
(d) 古代中国

◀ 四大文明古国

古文明的诞生和发展与当时的自然生态环境，特别是河流的影响和作用有着密不可分的关系，正是这些生命之河创造了适合农作物生长的水分条件，形成了肥沃的土壤、疏松的土质，有利于当时的人类使用简陋的农具进行耕作，同时河流还是当时的主要交通通道，所以说“水是人类文明诞生的摇篮”。

现在人类虽已身处工业文明，但当打开世界地图，便会惊奇地发现，上海、巴黎、纽约等繁华的都市大多仍是分布在河流或海洋岸边，人类文明的诞生、繁衍和传承依然和远古时代一样，从来就没有远离过水源，没有超越生态环境的限制，水在任何时候都是人类文明诞生的摇篮，是人类赖以生存的基础。

二、水生态对人类文明的影响

美国学者卡特和汤姆·戴尔详细分析研究了世界上数十种古代文明的兴衰，得出了如下结论：“文明人主宰环境的优势仅仅只持续几代人。他们的文明在一个相当优越的环境中经过几个世纪的成长与进步之后迅速地衰落覆灭下去，不得不转向新的土地，其平均生存周期为 40 ~ 60 代人（1000 ~ 1500 年）。大多数的情况下，文明越是灿烂，它持续存在的时间就越短。文明之所以会在孕育了这些文明的故乡衰落，主要是因为人们糟蹋或毁坏了帮助人类发展文明的环境。”

有人说“文明人跨过地球表面，足迹所过之处留下一片荒漠”，这种说法虽然有点夸张，但用它来形容某些文明的消失，却是非常生动形象的。在诞生于绿洲、河流之畔的诸多古代文明中，他们因水而得以起源、成长，最终也因破坏了水生态而走向衰落、解体，其中最为典型的是苏美尔人创造的古巴比伦文明和丝绸之路沿线的古楼兰王国。

1. 古巴比伦文明的毁灭

早在六七千年前，生活在两河流域的苏美尔人就掌握了引用河水灌溉农田的方式。随着人口的增加，苏美尔人为了满足日常所需，大量兴修水利，扩大灌溉面积，造成水源短缺、灌溉沟渠淤塞，严重破坏了水生态环境。

由于幼发拉底河和底格里斯河河水变化较大且泛滥时间不固定，在巴比伦周围的灌渠时常面临着淤积和被冲毁的风险。在这种情况下，人们不得不重新挖掘新的灌渠，而后又无可奈何地将它们放弃。经过不断的恶性循环，苏美尔人越来越难把赖以生存的水引到农田用以灌溉，逐渐失去了农业生产的依靠。同时，幼发拉底河和底格里斯河的河床被泥沙越抬越高，不断改道，而由于苏美尔人只知道灌溉，不懂得排水洗田，导致美索不达米亚平原的地下水位不断上升，给这片沃土罩上了一层又厚又白的盐外壳，有的地方甚至如镜子一般闪闪发光。土地的盐碱化使古巴比伦葱

▲ 古巴比伦遗址

绿的原野渐渐枯黄，高大的神庙和美丽的空中花园也随着苏美尔人被迫离开家园而坍塌了，只有今天留在伊拉克中部荒地上的古巴比伦废墟，还能使人们想象出汉谟拉比法典的威严和“亚细亚”的光芒。

2. 古楼兰王国的消失

新疆塔里木盆地的塔克拉玛干沙漠南部，曾是中国历史上最发达的地区之一。早在新石器时代就出现了灌溉农业，公元前2世纪张骞出使西域时，便看到不少沙漠中的城郭和农田。此后，西域广大地区统一于汉朝中央政府管辖之下，发展屯田，兴修水利。古楼兰王国作为丝绸之路南道所经之地，以楼兰绿洲为立国之本，历经数个世纪，曾经繁盛一时。而今天，沿昔日繁华的丝绸之路掠过，古代的大片良田已沦为流沙，古城废墟历历在目，曾经浩瀚的罗布泊已经干涸，楼兰等绿洲已沦为不毛之地，丝绸之路沿线辉煌一时的古文明已湮灭于荒漠的吞噬下。

▲ 楼兰古城遗址

古楼兰王国的消失，固然与气候变化、降雨量减少、冰川融水萎缩、水系改道等自然因素的波动有关，但土地的过度开垦、生物资源和水资源的不合理利用以及天然植被的破坏等人为因素，加剧了土地盐渍化、水资源的枯竭和环境退化，这是导致古楼兰王国消失的主要原因。

人类，无论是古代人还是现代人，都是大自然的子孙而不是自然的主人。人类如想保持对于生态环境的优势，就必须使自己的行为符合自然规律。人类无限制的发展，通常只会破坏自己赖以生存的生态环境，一旦生态环境受到破坏，人类的文明也就随之衰落。上述古文明的衰亡历史，时刻警醒着人类：文明的源远流长离不开水生态保护。

◎ 第二节 良好的水生态环境是民族复兴的重要象征

改革开放以来，中国经济社会快速发展，并全面建成小康社会，但某些地区也付出了较大的生态环境代价，雾霾、水环境污染、水生态退化事件层出不穷。

随着国家愈发重视生态环境保护，特别是党的十八大以来，中央先后提出“节水优先、空间均衡、系统治理、两手发力”治水思路和山水林田湖草沙生命共同体思想，全面推行河长制、湖长制，强调水资源、水环境、水生态“三水融合”，长江大保护、黄河流域生态保护和高质量发展上升为国家战略，全国水生态环境质量不断上升，美丽中国的建设目标愈发接近，人民群众的获得感、幸福感也持续得到提升和满足。

2012 年 11 月，习近平总书记首次提出“实现中华民族伟大复兴的中国梦”。良好的水生态环境是中国经济-生态协同发展的理想结果，是国家软实力的重要体现，也是中华民族复兴的重要象征。想要实现中华民族的伟大复兴，需要良好的水生态环境作为基础和保障，近年来，中国生态文明建设成效显著，引导应对气候变化国际合作，成为全球生态文明建设的重要参与者、贡献者、引领者，良好的水生态环境成为展现中国大国形象新的发力点。按照党的二十大的部署，要牢固树立和践行绿水青山就是金山银山的理念，站在人与自然和谐共生的高度谋划发展；要持续推进美丽中国建设，坚持山水林田湖草沙一体化保护和系统治理，统筹产业结构调整、污染治理、生态保护、应对气候变化，协同推进降碳、减污、扩绿、增长，推进生态优先、节约集约、绿色低碳发展。

◎ 第三节 高质量的幸福生活离不开水生态的健康稳定

一、“民以食为天，食以鱼为鲜”

“民以食为天”，水生态社会服务功能中最为典型的一项即是提供水产品。水产品是人类非常重要的蛋白质来源，根据联合国粮食及农业组织（FAO）公布的数据，中国人均水产品消费量约为48千克/年，仅次于格陵兰岛和日本。为了满足中国人餐桌上的需求，中国已成为世界第一大野生资源捕捞国和世界第一大水产品养殖生产国。而想要满足数量如此巨大的水产品需求，不论是野外捕捞还是人工养殖，都需要以良好的水生态环境为依托。

“食以鱼为鲜”，在丰富的水产品中，最常见也是最为鲜美的即鱼类。徽州人以鳜鱼、生姜、红辣椒为原料，创造了闻起来臭，吃起来很香嫩的臭鳜鱼；广东人以鲈鱼为主料，以蒸为主，开发了做法简单、鲜美异常的清蒸鲈鱼；山东人就地取材，以黄河鲤为原材料，呈现了外焦里嫩、香甜酸醇的糖醋鲤鱼。多式多样的鱼类菜品变着法子刺激着人们的味蕾，给人们带来了物质上的享受和精神上的满足。但是，因过量捕捞和水生态环境的恶化，松江鲈鱼已是濒危鱼类，黄河鲤鱼也因黄河流量降低和污染而产量锐减。而即使是人工养殖的鱼类，也需要野生亲鱼用于育种，面临着种质资源破坏严重、遗传多样性枯竭的问题。如果不重视水生态环境保护，在未来的某一天，人们将面临着只有几种鱼可吃，甚至是无鱼可吃的局面，可能再也品尝不到清蒸鲈鱼、糖醋鲤鱼等佳肴。

（a）臭鳜鱼（徽菜）

（b）清蒸鲈鱼（粤菜）

▲ 美味的淡水鱼类菜品

二、“寄情于景，寓乐于水”

良好的水生态环境不仅能让人们吃得更好，还能让人们玩得更好，这就是其休闲娱乐功能。如号称“沙漠第一泉”的月牙泉，因“泉映月而无尘”“亘古沙不填泉，泉不枯竭”而成为奇观，自汉朝起即为“敦煌八景”之一，1994 年列入国家级风景名胜区。鸣沙山和月牙泉是大漠戈壁中一对孪生姐妹，“山以灵而故鸣，水以神而益秀”，有“鸣沙山怡性，月牙泉洗心”之感，古往今来以“沙漠奇观”著称于世，被誉为“塞外风光之一绝”。但从 2000 年开始，月牙泉的水位就持续下降，泉水面积从 20 余亩，锐减到现在的 8 余亩，水深从 10 余米，到现在的 2 米，为了避免泉水短时间内就枯竭，景区已经开始为这个沙漠奇观人工续水，把周边的河水回灌补充入月牙泉中。

不禁要问，如果不重视和加强流域区域的水生态保护，这片沙漠当中的泉水是否会像罗布泊一样逐渐干涸最终成为一片沙漠？“月泉晓彻”之胜景是否会成为千古绝唱？

(a) 桂林漓江

(b) 甘肃月牙泉

▲ 优美的水生态景观

三、“绿水青山，宜居宜家”

天蓝、水清、山绿，这是人们对美好生活的愿景。以长远眼光正确看待“绿水青山”，才能营造“宜居宜家”的幸福生活。以永定河为例，永定河是海河水系最大的一条河流，作为北京的“母亲河”，她见证了北京城三千多年的历史，是京津冀区域重要的水源涵养区和生态屏障。“永定河，出西山，碧水环绕北京湾。”一曲脍炙人口的《卢沟谣》道出永定河在北京人心中的分量。然而自20世纪70年代后期以来，随着上游水土保持和逐层筑坝拦截用水，以及沿线各地因经济发展而使耗水量猛增等原因，致使永定河多处河段断流干涸，并导致流域内地下水水位下降，局部河床沙化，生态系统严重退化等问题。

随着世园会、冬奥会相继在北京举办，以及永定河文化带建设不断深入，永定河再次通水成为城市发展的必然要求。2017年4月，永定河综合治理与生态修复作为京津冀生态环保领域率先突破项目启动实施，北京市明确永定河治理是首都生态环境

(a) 通水前景象

(b) 通水后景象

▲ 永定河卢沟桥通水前后对比

建设的一号工程。2020 年 5 月，永定河北京段在时隔 25 年后，首次实现全线通水。“清水绿岸”的永定河，成为市民亲近自然、休闲健身的重要场所。而随着生态恢复不断推进，越来越多的野生动物回归永定河畔，重新“动”起来的永定河更具生机和活力。在这里，市民不仅可以近距离感受美景，更可以在人与自然和谐共生的环境中感受到宜居城市带给市民的幸福感和获得感。

◎ 第四节 人与自然和谐相处是现代人的基本文明准则

人类对大自然的过度索取，超出了自然生态的承受能力，于是出现了生态危机。生态危机本质上是人的危机、生态观念的危机。公民生态意识的缺乏，是现代生态危机的深层次根源，让公众树立“尊重自然、顺应自然、保护自然”的生态文明理念，增强生态环保意识，显得尤为迫切。生态文明建设与每个人息息相关，是时代发展的必然要求与趋势，践行生态文明理念，实现人与自然和谐相处，也是作为一个现代人的基本文明准则。下面几个例子，良好体现了人与自然和谐相处的重要性和成效。

一、丹顶鹤种群数量稳步上升

作为珍稀鸟类，丹顶鹤是对湿地环境变化极为敏感的指示生物。为保护丹顶鹤，我国采取了加强

▲ 扎龙湿地丹顶鹤

自然保护区建设等一系列措施，保护成效显著。截至2021年年底，我国已经建立了18个与丹顶鹤相关的自然保护区，其中黑龙江扎龙国家级自然保护区（1992年被列入“国际重要湿地名录”）是世界上最大的丹顶鹤繁殖地，该繁殖地的丹顶鹤数量已增至400只，约占世界大陆迁徙野生丹顶鹤总数的五分之一。

二、藏羚羊保护级别逐步下调

藏羚羊是我国动物保护最成功的案例之一，它们从20世纪末的不足7万头，到如今已接近30万头，其保护级别也成功从“濒危”下调了两个等级，成为了“易危物种”。2017年7月，作为藏羚羊主要栖息地的青海可可西里地区，经世界遗产委员会一致同意，获准列入《世界遗产名录》，成为中

▲ 可可西里地区藏羚羊

国第 51 处世界遗产，也是我国面积最大的世界自然遗产地。

三、野生大象长距离跋涉迁徙

2020 年底，云南野生大象迁徙的消息引起了人们的关注。野生大象群体的行动得到了许多人的帮助，即使这些野生动物破坏了他们种植的庄稼作物，人们也不会伤害它们，还精心救助帮助它们重新回归大自然。关于此次象群迁徙，国内外媒体在两个多月内持续关注，成为各大新闻的头版头条，这种做法充分说明了地球是属于万物的，也彰显了人与自然和谐共生的精神。

▲ 云南野象迁徙途中午睡

第五章 为有源头活水来：山区水源涵养

水源涵养措施主要包括治理水土流失、保护自然植被、开展林草种植、减少源区人为活动等。开展水源涵养的不是为了增加总径流量，而是为了增加源区林草植被和土壤层的水资源调蓄能力，坦化径流的极值过程，使源区起到“天然水库”的作用，从而增加枯水期基流量，降低汛期洪峰流量和流域水资源开发利用难度。

◎ 第一节 青山绿水——源自大自然的馈赠

一、自然界中的水循环

唐代著名诗人李白曾写道：“君不见黄河之水天上来，奔流到海不复回。”一条条大江大河绕过群山，跨过平原，最终都汇入大海，那么江河里的水是从哪里来的呢？没错，就是从天上而来。

海洋犹如一个巨大的蒸发皿，在太阳的作用下，无数水分子从高盐度的海水中分离，送向空中，形成水蒸气。由于太阳辐射不均，加之地球自转运动

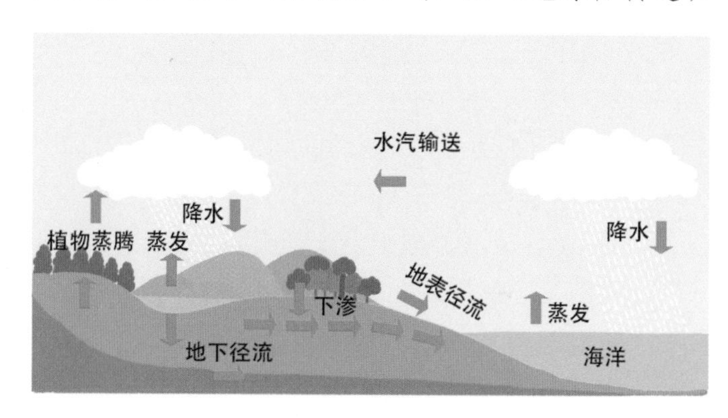

▲ 水循环示意图

及地球表面海陆分布不均，在地球上空形成了大气环流，大量的水汽借助大气环流被送往内陆地区。水汽在输送过程中，因周围气压逐渐降低、体积膨胀、温度降低而逐渐变为细小的水滴或冰晶飘浮在空中形成云。当云滴增长到能克服空气的阻力和上升气流的顶托，并且在降落至地面的过程中不致被蒸发掉时，就形成了降水。

一部分降水落到地面，经过产汇流的过程，汇入到江河之中；而另一部分降水落到终年积雪的冰川之上，随着时间的推移，由积雪变成粒雪，经过不断挤压，最终变为冰川的一部分。随着季节的变化，冰川融水从山上流下，为周边河湖带来丰沛的水源补充。而随着海拔高度的降低，无数支流经过汇集，最终流回大海，这便是自然界中的水循环过程。

二、水源涵养的重要性

在林木茂盛的山丘区，降水首先被植被的林冠截留，其余的降水则落到地表，一部分水用来填洼，一部分水则经过枯枝落叶层的吸收后到达土壤开始下渗。当降水强度超过下渗能力时，未能来得及下渗的降水，通过坡面汇入河道，形成地表径流，下渗的部分则形成了土壤中水径流和地下水径流，这个现象称作超渗产流；当降水强度未达到土壤下渗能力时，降水则优先下渗，待土壤达到田间持水量，即土壤水分达到饱和时，降水无法继续入渗，最终通过坡面汇流形成地表径流，这就是蓄满产流。

在产流的过程中，植被层、枯枝落叶层、土壤层，组成了强大的蓄水、净水系统。一场强降水过后，

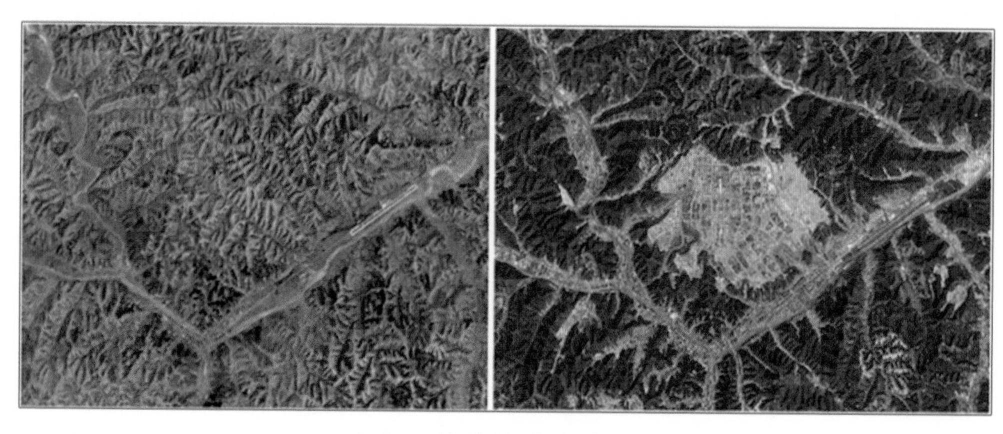

▲ 黄土高原今昔对比图

这个天然的水库留存了大量的水分，极大降低了下游发生洪水的可能性，同时还为河流提供了源源不断的水源，在枯水季来临之时，让流域内的生态得以维持，让人类及其他动物得以生存和延续。

而在植被缺乏或遭到破坏的山体，由于缺少植被覆盖，土壤疏松且干燥，降水会直接作用于裸地之上。在雨季来临时，裸地在降水的不停冲刷之下，原本松动的土壤连同山石从山坡上迅速滑落，形成可怕的山洪和泥石流。即使在地形相对平坦的地区，雨水也会裹挟大量的泥沙进入河道，造成严重的水土流失，抬升河床，甚至淤塞下游的河道，在丰水期更是加剧了下游发生洪涝灾害的风险。

比如人们最为熟悉的长江与黄河，均发源于青藏高原的三江源区，但是为什么两个流域的自然环境差异会如此显著呢？原因就在于黄河流域自然环境更加恶劣，加之气候因素，降水也更加稀少，由于缺乏植被，水土流失较为严重，大量的泥沙致使下游河床不断抬升，黄河下游段也就变成了“地上悬河”。而在长江流域，丰沛的降水滋润了两岸的土地，植被类型十分丰富，山丘多被丛林覆盖，水源得到了充分的涵养，形成了一幅山清水秀的自然景象。而近年来，黄河上中游开展了大规模的水源涵养和水土保持工作，曾经的黄土高原逐渐绿树成荫，黄河水也变清了。

知识拓展

水源涵养功能

水源涵养是指生态系统通过其特有的结构与水相互作用，对降水进行截留、渗透、蓄积，并通过蒸发实现对水流、水循环的调控。一般可以通过恢复植被、建设水源涵养区达到控制土壤沙化、减少水土流失的目的。

中国生态系统的水源涵养量总体上呈现东南高西北低、由东到西逐渐递减特征。2010 年全国生态系统水源涵养总量为 12224.33 亿米^3。森林生态系统的水源涵养作用十分显著，约占全国水源涵养总量的 60.80%。其中，常绿针叶林生态系统水源涵养总量最多，常绿阔叶林水源涵养能力最高。就我国水源涵养重要性而言，极重要区域主要分布在相对海拔高的原始森林地带。

中国生态系统水源涵养功能与气候和人类活动的关系非常密切，自然因子包括降水、温度、蒸散、坡度与水源涵养呈现显著的正相关。气候与地形因子是直接影响生态系统水源涵养量分布的主要因素，人类因子则通过改变地表生态系统格局和干扰生态系统过程，间接影响生态系统水源涵养功能。

◎ 第二节 固本清源——水源涵养的几大法宝

水是生命之源，土是生存之本，既然水源涵养对人类和生态如此重要，那要怎么做才能良好地涵养水源呢？一般可以通过恢复植被、建设水源涵养区达到控制土壤沙化、减少水土流失的目的，简单来说就是固本清源。

一、营造水源涵养林

水源涵养林以涵养水源为主要目的，其最首要的功能是蓄住水分，即通过林冠层、枯枝落叶层及土壤层截持和贮存降水，发挥其巨大的水源涵养能力。通过植树种草、封山育林，可以提升水源涵养能力，净化河流水质，提升空气质量，改善生态环境。

水源涵养林的植被类型选取要因地制宜，树种选择要具备根量多、根域广、冠幅大、寿命长且生长稳定、抗性强等特点，还要选择一定比例的深根性树种，加强土壤固持能力。针对干旱地区，要尽量选取天然植被品种，优先恢复当地原生植被物种，控制人工林地、草地的种植密度，否则，过量的蒸散发反而会导致涵养能力的下降，加剧土地的干旱及贫瘠。

▲ 水源涵养林

二、修建淤地坝

我国黄土高原地区水土流失严重，淤地坝是黄土高原地区人民群众在长期同水土流失的斗争中创造出的一种行之有效的水土保持工程方案。淤地坝的建设最早可追溯到400年前明代万历年间的山西汾西一带，随后在黄土高原地区得到了广泛的推广。

小贴士

淤地坝是指在水土流失地区各级沟道中，以拦泥淤地为目的而修建的坝工建筑物，其拦泥淤成的地叫淤地坝。

淤地坝的作用十分显著。首先，其可以拦截坡面汇入河道内的泥沙，抬高沟床、稳定沟坡，有效制止沟岸扩张、沟底下切和沟头前进。其次，黄土高原土地贫瘠但人口众多，淤地坝可以将泥沙就地拦蓄，将荒沟变成人造小平原，从而促进土地利用结构的转型，使更多的地方可以退耕还草还林，进一步提升区域水源涵养能力，使周边生态环境向好发展。此外，淤地坝还具有防洪减灾、保护下游安全的能力，通过梯级淤地坝建设，大、中、小结合，层层拦蓄，能有效拦截泥沙，拦蓄洪峰，降低洪水对下游的危害。

▲ 黄土高原淤地坝

三、发展梯田经济

梯田是指在丘陵山坡地上沿等高线修筑的条状、阶梯状的田块，在涵养水源、治理水土流失方面功能强大，一层层梯田对蓄水保土、农业增产具有重要作用。常见的梯田有水平梯田、坡式梯田、隔坡梯田。在山区，由于自然条件限制，坡耕地成为当地群众赖以生存的耕地资源，但坡耕地严重的水土流失，不仅无法起到蓄水保土的作用，反而会破坏耕地资源、恶化生态环境、淤积江河湖库，威胁国家的粮食安全、生态安全和防洪安全。

通过修筑梯田，可以让跑水、跑肥、跑土的“三跑田”变成保水、保肥、保土的“三保田”，良好地解决了生态保护和社会经济发展之间的矛盾。高颜值的梯田不仅可以蓄水保土，改善周边的生态环境，还能够吸引众多国内外游客，成为旅游经济的增长点，提高当地老百姓的收入，可谓颜值与实力并存。

▲ 云南省红河州元阳县哈尼梯田

知识拓展

红河哈尼梯田

红河哈尼梯田是以哈尼族为主的各族人民发挥聪明才智和创造精神，针对“一山分四季，十里不同天”的特殊地理气候，创造的农耕文明奇观。据历史记载，红河哈尼梯田早在1300年前的唐朝初期就已经形成一定规模。明代农学家徐光启，在其著作《农政全书》中将红河哈尼梯田列为中国农耕史上的七大田制之一。哈尼族人利用复杂的水渠系统，将水从树木繁盛的山顶引入到梯田内，经过1300多年的辛勤开垦，形成了如今上百万亩的梯田。2013年6月22日，在第37届世界遗产大会上，红河哈尼梯田被成功列入“世界遗产名录”，成为中国第45处世界遗产。

哈尼梯田生态系统呈现着以下特点：每一个村寨的上方，必然矗立着茂密的森林，提供着水、木材、薪炭之源，以神圣不可侵犯的寨神林为特征；村寨下方是层层相叠的千百级梯田，提供着哈尼人生存发展的基本物质——粮食；中间的村寨由一座座古意盎然的蘑菇房组合而成，成为人们安度人生的居所。这一结构被文化生态学家盛赞为江河-森林-村寨-梯田四度同构，人与自然高度协调的、可持续发展的、良性循环的生态系统。如今，哈尼梯田以“山间水沟如玉带，层层梯田似天梯”般的人间仙境，吸引了无数的游客，成为中外游客的“网红”打卡地。

第六章

地上与地下：维护健康的汇流体系

汇流是水循环过程的关键环节，维护健康的汇流体系对水生态保护意义重大。根据水循环的特征，汇流既有地表的汇流，也有土壤水和地下水的汇流。

◎ 第一节 何谓汇流

一、汇流的形成过程

汇流是指降水形成的水流，从它产生的地点向流域出口断面的汇集过程。汇流可分为坡地汇流和河网汇流两个阶段。

1. 坡地汇流阶段

坡地汇流是指降水产生的水流从它的产生地点沿坡地向河槽的汇集过程。坡地是产流的场所，也是径流输移的场所。坡地汇流包括坡面、表层和地下三种径流成分的汇流，其中表层汇流又称“壤中流”。坡面汇流的水流多呈沟状或片状，从产流地

▲ 黄河与渭河汇流

点到河网的流程不长，因此汇流历时较短；表层汇流和地下汇流均属有孔介质中的水流运动，它们的运动都比坡面汇流缓慢，不过相对而言，表层汇流速度比地下汇流高得多，地下汇流的速度最低。

2. 河网汇流阶段

许多大小不同的河槽构成相互贯通的、完整的泄水系统，称为河网。水流沿着河槽向下游的运动过程称河槽汇流。在这个系统中，各级河槽的水流向下游的流动称为河网汇流，河槽汇流实际上就是洪水波在河槽中的运动过程。在天然河槽，特别是在河网中，沿程旁侧入流的加入、干支流水流的相互影响和沿程水力特性的差异等，使洪水波的运动更为复杂。在水文学中，常采用水流连续定理和蓄泄关系来描述河网汇流，也就是应用径流成因公式来推求出流过程。随着流域面积增大，河网汇流时间越来越大于坡地汇流时间，以致河网在径流的时程再分配上起主要作用。相反，当流域面积减小时，坡地汇流对径流时程再分配的作用则逐渐变得显著。

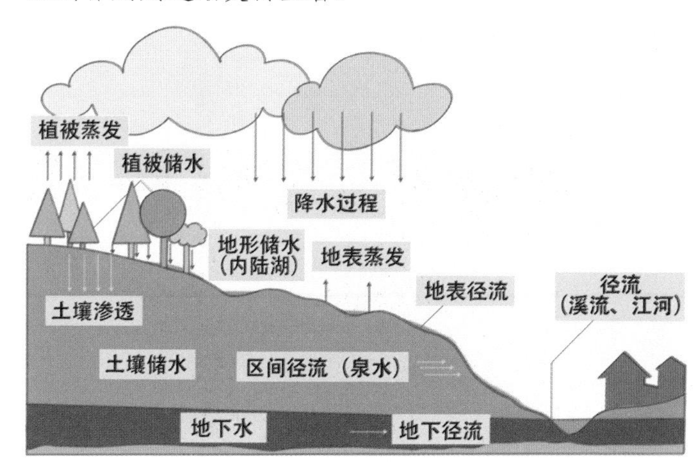

▲ 坡面汇流的形成过程

二、汇流的影响因素

汇流的影响因素一般包括降雨特性因素和下垫面因素两大类。

降雨特性是指降雨的时空分布和降雨强度的变化。降雨在时空分布上的不均匀，决定了流域上产流的不均匀和不同步。水流流程的长短和沿程受调节作用的大小直接影响着流域汇流过程。若暴雨中心在上游，则出口断面洪水过程的洪峰出现时间较迟，洪水过程线峰形也较平缓；反之，当暴雨中心在下游，则洪水过程线峰形尖瘦，洪峰出现时间较早。

下垫面因素主要是指流域起伏度、河道坡度、水系形状、河网密度、土壤和植被等。当水系呈扇状分布，因沿程水量注入比较集中，其洪水过程线的起落较陡。森林或植被较好的流域，水流阻力大，汇流速度降低，洪水过程线也较平缓。

▲ 汇流的影响因素

◎ 第二节 如何维护健康的汇流体系

维护健康的汇流体系可以通过多种方式予以实现，这里主要介绍两种典型的手段和方式共同维护汇流体系的健康稳定，即地表的生态清洁小流域建设和地下的地下水超采治理。

一、生态清洁小流域

1. 基本概念

生态清洁小流域即以小流域为单元，根据系统论、景观生态学、水土保持学、生态经济学和可持续发展等理论，结合流域地形地貌、土地利用方式和水土流失特点，以流域内水资源、土地资源、生物资源承载力为基础，坚持生态优先的原则，以调整人类活动为重点，通过实施各项遵循自然规律和生态法则及与当地景观相协调的治理措施，建立生态环境良性循环的流域生态系统，使流域内水土资源得到有效保护、合理配置和高效利用，人类活动对自然的扰动在生态系统承载范围之内，最终实现生态系统良性循环，人与自然和谐共生，促进人口、资源、环境协调发展。

▲ 生态清洁小流域“三道防线”

2. 理论探索

生态清洁小流域的重点是以水源保护为中心，构筑“生态修复、生态治理、生态保护”三道防线，根据流域地貌特点、土地利用特点、植被盖度以及水环境状况，对其治理措施进行合理规划与布局。

一是建立养山机制，构筑生态修复第一道防线。在山高坡陡人烟稀少地区、泥石流易发区，主要通过减少人为活动和人为干扰，实行全面封禁，禁止人为开垦、盲目割灌和放牧等生产活动，实施生态移民，适度开展生态旅游，合理利用自然资源，依法加强水土保持监督管理，充分依靠大自然的力量修复生态，发挥植被特别是灌草植被的生态功能，实现自然保水。

二是加大污染控制，构筑生态治理第二道防线。在山麓坡脚等农业种植区及人类活动频繁地区，主要通过调整农业种植结构，发展与水源保护相适应的生态农业、观光农业、休闲农业，依法规范开发建设活动，严格执行水土保持“三同时”制度，控制水土流失，减少面源污染。加强农村水务基础设施建设，改善生产生活条件，同时因地制宜在村镇及旅游景点等人类活动聚集区，建设小型污水处理及垃圾处理转运设施。

三是维护河库健康生命，构筑生态保护第三道防线。以河道两侧及水库周边为重点，进行生态保护性治理，溯源治污，防止污水直接入河入库。通过适当的生物和工程措施，恢复和建设河道及水库周边湿地生态系统，净化水质，促进河、湖、库生态系统健康。

3. 实践推广

早在2000年，北京市就针对水资源短缺、水生态损害、水污染问题凸显的严峻形势，确立了以水源保护为中心，构筑“生态修复、生态治理、生态保护”三道防线，采取21项措施，实施污水、垃圾、厕所、沟道、面源污染“五同步”治理，以小流域为单元建设生态清洁小流域。

从2005年开始，水利部明确提出控制面源污染是我国水土保持工作的重要任务，并以密云水库等10座水库（水源区）为试点，开展了以面源污染防治为重点的生态清洁小流域建设。2007年，水利部明确指出：经济发达地区、城市周边和重要水源区为生态清洁小流域建设的重点，又在全国30个省（自治区、直辖市）的81个县（市、区）开展了生态清洁小流域治理试点工程建设，拉开了全国生态清洁小流域建设的序幕。

生态清洁小流域建设得到了专家学者和全社会的高度认可，并以立法形式写入2010年12月25日新修订的《中华人民共和国水土保持法》。现在，生态清洁小流域建设已经上升为国家策略，2011年中央一号文件《中共中央 国务院关于加快水利改革发展的决定》明确提出要大力开展生态清洁型小流域建设。2018年，生态清洁小流域建设纳入了《乡村振兴战略规划》之中。

▲ 密云水库

二、地下水超采治理

1. 基本概念

▲ 地下水利用示意图

地下水作为水资源的重要组成部分，是人类不可缺少的自然资源，是保障饮水安全、粮食安全和生态安全不可或缺的要素。地下水的开发利用支持和保障了我国经济社会的快速发展，特别是在人口密集、水资源供需矛盾突出的北方地区，地下水的作用尤为重要。然而，地下水的大量开发使其天然均衡状态发生改变，并且引发了一系列生态环境地质问题，如土地沙漠化、地面沉降、海水入侵、地下水污染等，从而对经济社会发展产生了不同程度的危害。

长期的大规模开采地下水会导致地下水位下降、动储量持续减少直至含水层疏干。地下水位（潜水埋深）是一个重要的观测指标。随着地下水开采，自上而下先后会出现三类问题。第一类属于地表生态安全问题，由于地下水埋深过浅造成地表盐渍化，需要降低地下水位。第二类是地下水的采补平衡问题，地下水补给有不同的来源，有降雨入渗补给、河流湖泊等地表水体入渗补给，也有灌溉回归水入渗补给。如果地下水的开采量持续大于其补给量，就会形成地下水超采区，严重时形成地下水漏斗。第三类是突破地下水采补平衡之后持续开采，不断加深超采程度，水源涵养补给能力不断减弱，直

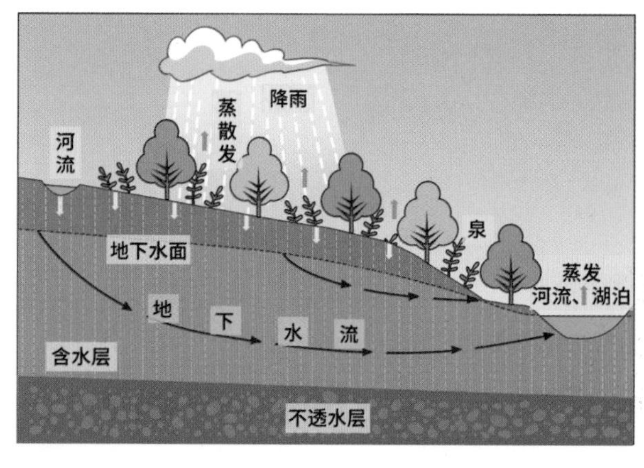

▲ 地下水补给示意图

至完全丧失地下水和地表水的水力联系，地表水体“存不住”，地表植被无法生长，造成地表荒漠化，地下水位严重下降，治理难度十分大。

2. 理论探索

地下水超采治理在全国不同区域有不同的侧重点，通常采用不同的管控措施进行治理。

（1）干旱区。干旱区年降水200毫米以下，处于西北内陆地区，出山口以下无论是地表水还是地下水都来自于出山口径流，河道渗漏形成地下水潜流场，支撑干旱区以绿洲为核心的生态系统。干旱区灌溉导致的绿洲生态安全可以从地下水水位变化予以反馈，管控措施主要通过以下几个方面予以实现：①地表水和地下水利用都会导致潜流场变化，从而影响生态安全，不适宜大规模开采地下水，需要禁止井灌；②绿洲内部灌溉回归导致局部地下水位抬升形成次生盐渍化，需要控制潜水最小埋深；③绿洲外缘地下水水位下降导致的荒漠化扩张，需要控制潜水最大埋深。

（2）半干旱区。半干旱区年降水量为200 ~ 400毫米，年蒸发量大于1000毫米，处于西北干旱区

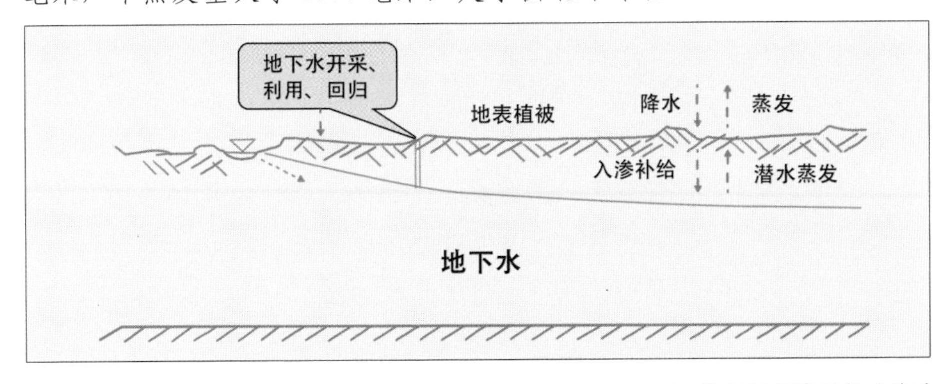

▲ 半干旱区降雨径流关系

与黄淮海松辽流域之间的过渡区域。该地区降雨与回归水是地下水最重要补给来源。由于灌溉发展，成为农牧交错区域。对于牧区和农区，地下水水位变化引起的问题不同，管理目标也应不同：①牧区加强生态水位管理，防止草原退化。草原生态系统的稳定，需要保障植被根系可以吸收地下水，以潜水蒸发补给植被的临界埋深作为地下水水位控制指标。②农区考虑采补平衡问题，防止地下水超采。农区需要维持地下水的稳定补给能力，即地下水开采必须控制在采补平衡范围内，以降水与回归水入渗补给地下水的临界埋深作为控制指标，并以此为依据进行水量控制。

(3)半湿润区。半湿润区以黄淮海流域为主体，包括松辽流域部分区域。该区域地表地下水转化频繁，地下水补给方式多样。从地下水补给条件看，一般规律是从出山口往下，依次由山前冲洪积扇区、冲积平原区和滨海影响区三种类型水文地质单元组成，形成一个整体。针对不同区域的管控思路如下：①山前冲洪积扇区主要控制指标是河流河底高程和生态基流，应该以此为恢复治理目标，对全局治理具有控制性意义；②冲积平原区的地下水主要补给方式为降水、灌溉回归水以及河道渗漏垂向补给，侧向补给缓慢，需要以入渗补给地下水的临界埋深为地下水水位控制指标，但治理难度大、周期长、见效慢，需依赖于上游地下水位恢复正常；③滨海影响区为海水与地下水构成一种类似“楔子”的分界线，地下水大规模开发利用导致的地下水位下降，会破坏这种平衡状态，造成海水入侵，因此应以防止海水入侵为管理目标，控制地下水开采。

（4）其他区域。主要是南方湿润区的承压水开采问题。除部分饮用水外，不提倡开采承压水，对于已开采承压水的应逐渐减少开采量直至停采。

3. 实践案例

我国华北平原就是典型地下水超采区。近年来，该区域通过采取“一减、一增”综合治理措施(“一减”即通过节水、农业结构调整等措施，压减地下水超采量；“一增”即多渠道增加水源补给，实施河湖地下水回补，提高区域水资源水环境承载能力），系统推进华北地区地下水超采治理，已取得了初步成效。

（1）强化重点领域节水。

1）农业领域节水措施。加快灌区续建配套建设和现代化改造，依托高标准农田建设项目统筹推进高效节水灌溉规模化、集约化，大力发展喷灌、微灌、管道输水灌溉；开展农业用水精细化管理，科学合理确定灌溉定额；积极推广测墒灌溉、保水剂应用等农艺节水措施，推行水肥一体化，实施规模养殖场节水改造和建设，发展节水渔业。

2）工业领域节水措施。大力推进工业节水改造，定期开展水平衡测试及水效对标，对超过取用水定额标准的企业，限期实施节水改造；加快高耗水行业节水改造,加强废水深度处理和达标再利用;推进现有工业园区开展以节水为重点内容的绿色转型升级和循环化改造；新建企业和园区要统筹供排水、水处理及循环利用设施建设，推动企业间的用水系统集成优化；强化企业内部用水管理，建立完善计量体系。

3）城镇用水领域节水措施。加强城镇节水降损，加快实施供水管网改造建设，降低供水管网漏损，深入开展公共领域节水；从严制定洗浴、洗车、高尔夫球场、人工滑雪场、洗涤、宾馆等行业用水定额，工业生产、城市绿化、道路清扫、车辆冲洗、建筑施工及生态景观等，应当优先使用再生水；推动城镇居民家庭节水，普及推广节水型用水器具。

（2）严控开发规模和强度。调整农业种植结构，重点在地下水严重超采区，根据水资源条件，推进适水种植和量水生产。严格控制发展高耗水农作物，扩大低耗水和耐旱作物种植比例。在无地表水源置换和地下水严重超采地区，实施轮作休耕、旱作雨养等措施，减少地下水开采。在地下水超采地区，推动产业有序转移流动，优化调整产业布局和结构，

▲ 里仁堡农业节水灌溉示范园

鼓励创新性产业、绿色产业发展，结合供给侧结构性改革和化解过剩产能，依法依规压减或淘汰高耗水产业不达标产能，推进高耗水工业结构调整。

（3）多渠道增加水源供给。用足用好南水北调中线水，加快完善中线一期配套工程，加强科学调度，逐步增加向华北供水量，为地下水超采治理创造条件。增供南水北调东线水，抓紧实施东线一期北延应急供水工程，通过用足供水潜力和适当延长供水时间，增加向京津冀地区供水能力。适度增加引黄水，根据黄河来水情况和流域内用水需求，在现状用水基础上和来水条件具备的情况下，相继为海河流域增加补水量。加大当地水和非常规水利用，做好当地水利用挖潜，用于地下水压采和回补地下水。推进非常规水源利用，加大城镇污水收集处理及再生利用设施建设，逐步提高再生水利用率。加快城镇供水水源置换。充分利用当地水和外调水，加快配套供水工程建设，加大水源切换力度，强制性关闭自备井，有效压减城镇生活和工业地下水开采量。对超采区农村乡镇和集中供水区，具有地表水水源条件的，加快置换水源。

▲ 用足用好南水北调中线水

▲ 华北平原滹沱河生态补水后实景

（4）实施河湖地下水回补。考虑补水水源、入渗条件、地下水补给效果、河湖区位重要性等因素，实施清理整治，为生态补水和地下水回补提供稳定、清洁的输水廊道。根据当地水、外调水、空中水等水源条件，充分挖潜开源、科学调度，增强水源调蓄能力。通过多水源联合调度，在保障城乡生活生产正常用水的前提下，对完成清理任务的河湖，相机实施生态补水。

第七章

王冠上的明珠：河湖生态保护与修复

河流、湖泊、湿地、水库等是主要的水体聚集区，也是水生态保护成效的最终反映区。人类活动会对河湖生态系统产生什么干扰？应对各种干扰，加强河湖生态保护修复的主要措施与关键技术有哪些？

◎ 第一节 人类活动对河湖生态系统的干扰

由于水的强极性、弱黏滞性、高热容和热传导性等特性，使得水成为地球所有生物体的基本组分和新陈代谢介质，以及工农业生产的基本要素，并为所有水生生物提供生存和栖息空间，同时水流还是地表环境塑造、物质能量输移和生物信号传递的基本形式，是人类精神和文化的重要载体。正是由于水资源具有的多维属性和功能，使得人类出于自身安全保障、经济社会发展、人居环境改善等方面的需求，对水资源进行了多种形式的开发利用和控导。这些人类活动对水资源系统造成了复杂的综合影响，主要包括水资源的消耗、水污染的排放、水空间的挤占、水通道的阻隔四个方面，并最终造成水生生物多样性的降低。

一、水资源的消耗

2018 年，全国水资源总量 27462.5 亿米^3，用水总量 6015.5 亿米^3，占当年水资源总量的 21.9%。其中，地表水资源供水量 4952.7 亿米^3，地下水资源供水量 976.4 亿米^3，其他水源供水量 86.4 亿米^3。水资源开发利用造成的耗水量 3207.6 亿米^3，总耗水率 53.3%，耗水量仅占全国水资源总量的 11.7%，但由于耗水总量和强度时间、空间分布的不均，加之部分水利工程的不合理调度，造成我国河湖生态流量不达标问题突出，北方平原区仍然存在大面积地下水超采的情况。

选取 Qp 法作为生态基流目标确定方法，通过设定关键技术指标进行修正，对全国十大一级区 404 个代表性断面近 10 年生态基流达标率进行了评价。按照“优良－合格－不达标”的 3 级评价标准，2018 年达到“优良”标准（逐日流量全部达标）的参评断面比例为 41.5%，达到“合格”标准（月均流量达标、日均不断流且连续不达标天数小于等于 7 天）的断面比例为 62.2%。从分流域情况来看，2018 年海河区、辽河区、淮河区生态基流达标情况较差，合格率均低于 50%；东南诸河区、珠江区、长江区虽然合格率较高，但优良率有大幅

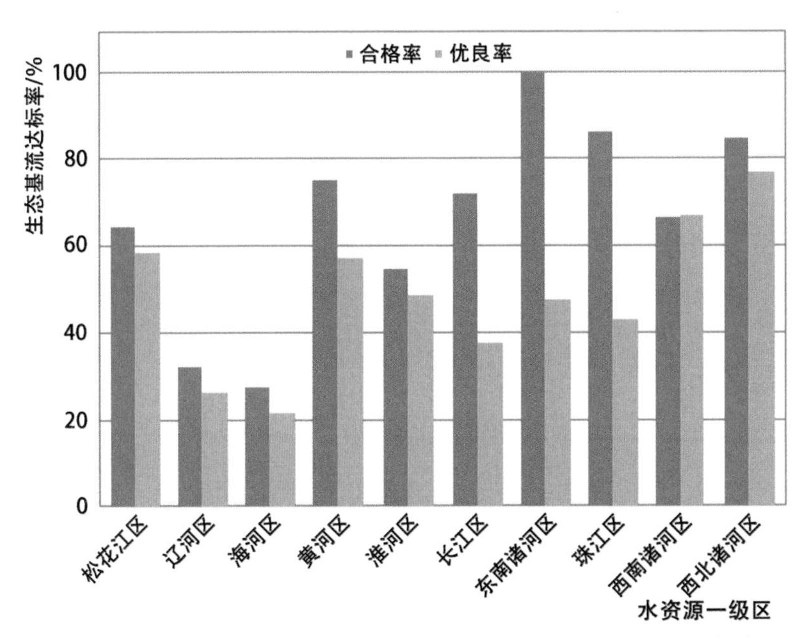

▲ 2018 年各水资源一级区生态基流达标情况

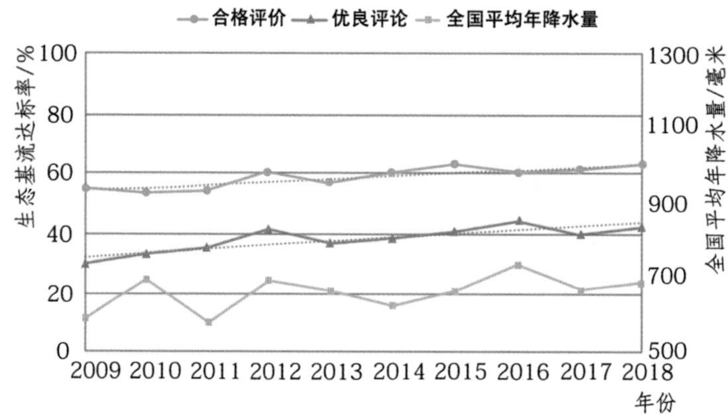

▲ 2009—2018 年全国生态基流达标率变化情况

度下降，表明年内均存在较多的短时期生态基流不达标问题。从全国生态基流达标率的年际变化情况来看，2009—2018 年，全国生态基流合格率、优良率均呈小幅上涨趋势，其中合格率从 2009 年的 55.1% 上升到 2018 年的 62.2%，优良率从 2009 年的 30.2% 上升到 2018 年的 41.5%，表明随着此阶段我国最严格水资源管理制度的实施和用水总量的逐步控制，对于河流生态基流保障起到了较明显的促进作用。

对全国 251 个具有重要生态保护目标的断面在鱼类集中产卵期（4—7 月）敏感生态需水达标率进行评价，全国整体达标率为 51%，辽河区、海河区、淮河区敏感生态需水达标率低于 40%。此外，根据 2006—2016 年全国 986 个地下水位监测井的数据进行分析，北方 12 省（自治区）平原区地下水超采面积为 25.8 万千米^2，占全国平原区面积的比例为 9.71%，超采区域集中在河北省、山东省、河南省，分别占到了总超采面积的 27.7%、24.8%、17.6%。

二、水污染的排放

根据第二次全国污染源普查数据（2017 年），全国废污水排放总量 756 亿吨，另外有约 1300 亿米^3 的农田退水，累计排放 COD2144 万吨、氨氮 96.3 万吨、总氮 304.1 万吨、总磷 31.5 万吨、重金属 182.5 吨。

虽然全国约2.7万亿米³的地表径流量具有较大的自净能力，但由于污染排放在空间和时间上的集中性，以及污染物的累积效应，造成我国地表和地下水环境不容乐观，突出表现在全国近10年（2008—2017年）河流水质逐步好转，但作为水体末端汇集区的湖泊和地下水水质却恶化严重。

根据《中国水资源公报》数据，2009—2018年，全国水质评价河长从15.4万千米增加到26.2万千米，Ⅰ～Ⅲ类水质河长占比从58.9%增加到81.6%，劣Ⅴ类水质比例从19.3%降低到5.5%，河流水质明显好转。但近10年，湖泊水质评价个数从71个增加到124个，评价面积从2.5万千米²增加到3.3万千米²，富营养化数量比例从64.8%增加到73.5%。2018年Ⅰ～Ⅲ类水质湖泊数量占比仅25%，而劣Ⅴ类水质湖泊占比达到16.1%，湖泊整体水质较差。2018年，对全国8965个地下水监测井水质进行评价，符合Ⅰ～Ⅲ类地下水质量的2463个，占比27.4%；Ⅳ～Ⅴ类的6502个，占比72.6%。

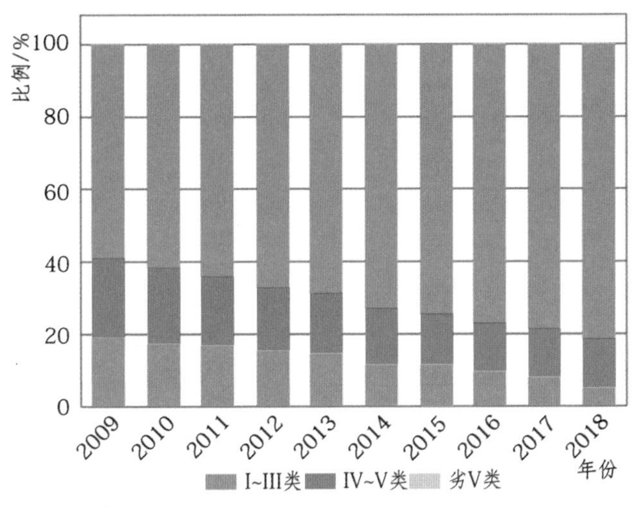

▲ 2009-2018年全国河流水质评价结果

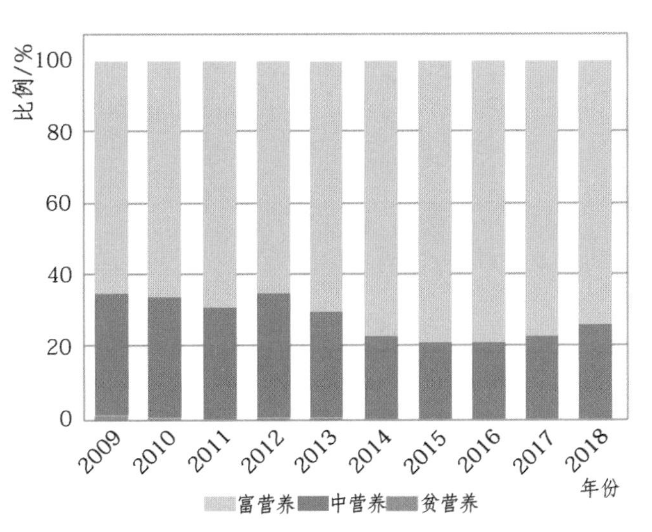

▲ 2009-2018年全国湖泊富营养化情况

三、水空间的挤占

水空间是指国土空间中土地利用类型为河流、湖泊、水库、滩涂、滩地、沼泽的区域，又称为水域空间。根据 Landsat-MSS 和 Landsat8 卫星遥感解译数据，1980—2018 年，全国水域空间面积从 36.02 万千米^2 降低到 34.41 万千米^2，降低了 4.5%，其中减少的主要是沼泽、滩涂和滩地面积。虽然水域空间总面积减少幅度不大，但天然水域空间的侵占和转移情况突出。以 1980 年为水域空间且 2018 年仍然为水域空间的国土空间称作保留空间，则 1980—2018 年，全国水域空间保留率为 79.2%，即超过 1/5 的天然水域空间转化为其他用途，其中转化为旱地、草地、水田的面积最多，分别为 19131 千米^2、18018 千米^2 和 14250 千米^2，合计占水域空间转移总面积的 72.4%。十大一级区中，水域空间保留率最低的是松花江区，仅为 54.5%。造成水域空间侵占的主要原因包括城镇化发展、粮食耕种面积增加、堤防修建等。

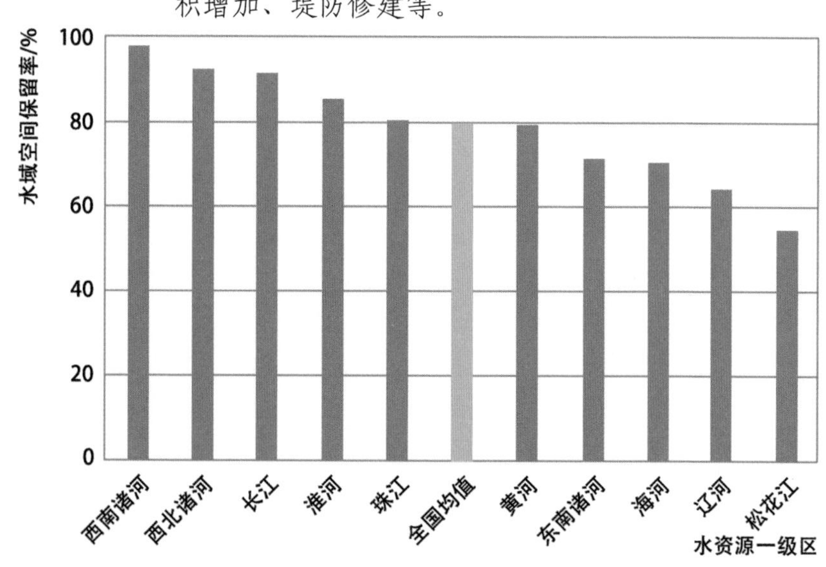

▲ 1980—2018 年全国及各水资源一级区水域空间保留率

在水域空间总面积小幅降低的同时，全国水域斑块数量从1980年的41.96万个减少至2018年的20.15万个，减幅达到52.0%。由于水域斑块个数的大幅度衰减，导致1980—2020年全国水域空间斑块密度从0.044个/千米^{2}下降至0.021个/千米^2，呈现持续下降的趋势。相关变化趋势表明，我国水域空间中水库等大型斑块数量增加，而末梢水系、池塘等小型斑块数量大幅减少，对于水生态系统结构和功能稳定产生重要影响。

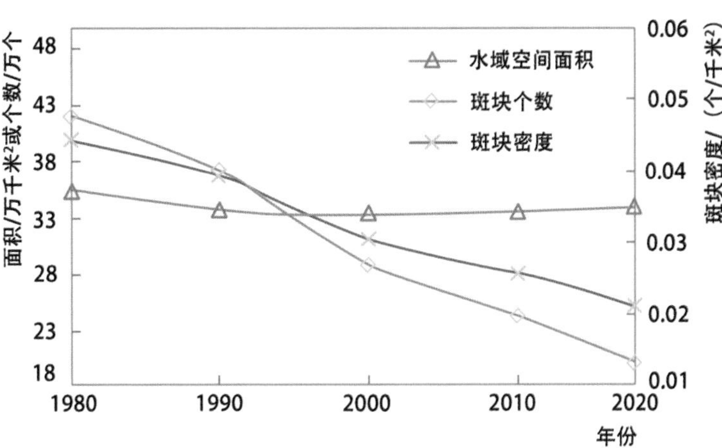

▲ 1980—2020年全国水域空间面积、斑块数量和密度变化趋势

四、水通道的阻隔

水流蕴含着巨大的动能，既是水的通道，也是水生生物的迁徙通道和泥沙、营养盐等物质的输移渠道，同时水流流速、水温的节律性变化，还是鱼类洄游产卵等生命活动的重要信号。畅通的水流通道是地表物质流、能量流、生物流、信息流的基本载体。人类为了开发利用水资源及其动能等属性，不可避免需要建设大坝、闸门等拦水建筑物，造成水流通道的阻隔和河流生境的破碎化。根据第一次全国水利普查数据，1960年全国共有水库大坝、引水式水电站、节制闸、橡胶坝等拦河建筑物约3.4万座，而到2018年，拦河建筑物数量上升到约22万座。按照阻隔系数法，综合考虑所有拦河建筑物

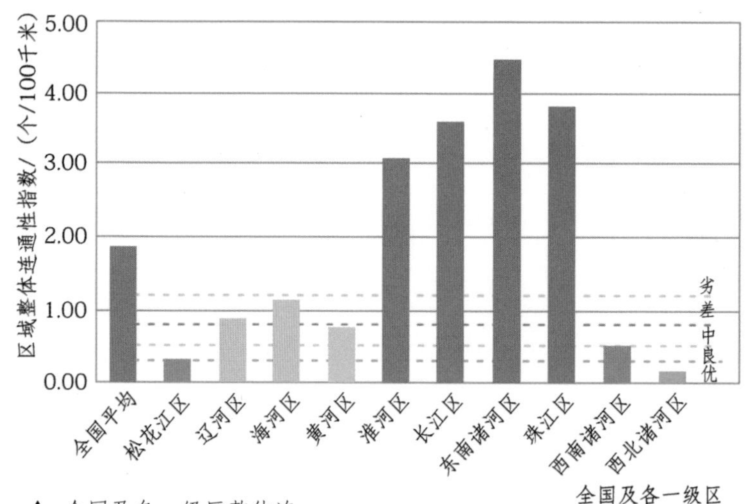

▲ 全国及各一级区整体连通性指数（2018 年）

类型、规模对水流连通性的影响，对全国及各大流域河流水系整体连通性进行评价，得出结果指数。全国六级以上河流的整体连通性指数为 1.87 个 /100 千米，处于“劣”（大于 1.2 个 /100 千米）的状态。十大一级区中，东南诸河、珠江、长江、淮河区连通性最差，均大于 3 个 /100 千米；西北诸河区是唯一为“优”（小于等于 0.3 个 /100 千米）的一级区，松花江、西南诸河区处于“良”[（0.3 ~ 0.5）个 /100 千米] 的状态。

若仅对流域面积 10000 千米^2 以上的主要河流进行评价，并仅考虑大中型水利水电工程的影响，同时补充 2012—2018 年间建成的大中型工程，在规模、类型基础上，进一步考虑工程建设位置对于河流连通性的不同影响程度，得出全国及各一级区 1960—2018 年主要河流连通性指数变化趋势。全国主要河流现状连通

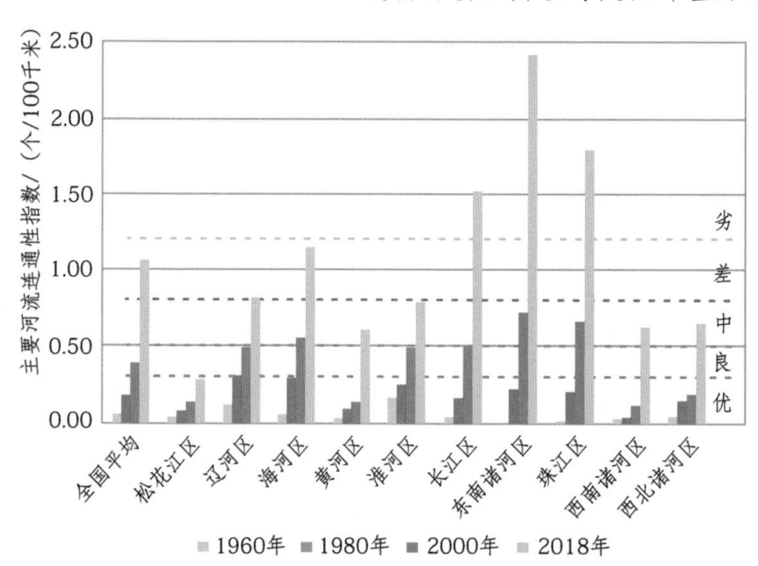

▲ 1960—2018 年全国及各一级区主要河流连通性指数变化趋势

性处于“差”[(0.8～1.2)个/100千米]的状态，东南诸河、珠江、长江区处于“劣”的状态，松花江区主要河流连通性最好，是唯一为“优”的一级区。

五、水生生物受威胁状况

受上述四方面人类活动干扰及其他因素的影响，我国淡水鱼类濒危程度日益加剧。《中国生物多样性红色名录——脊椎动物卷》对我国1443种内陆鱼类的受威胁情况进行了说明，考虑到流域特色性鱼类对于反映流域水生生物受威胁状况的代表性更好，因此梳理了全国不同流域特有鱼类的受威胁比例。十大一级区中，流域特有鱼类受威胁比例最高的是淮河区，占比达50%；其次是黄河区，特有种受威胁比例为36.8%；海河区、长江区和西北诸河区特有种受威胁比例接近，都在30%左右。流域特有种受威胁比例最低的4个区分别是东南诸河区、松花江区、西南诸河区和辽河区，比例分别为14.3%、14.8%、16.1%和17.9%。

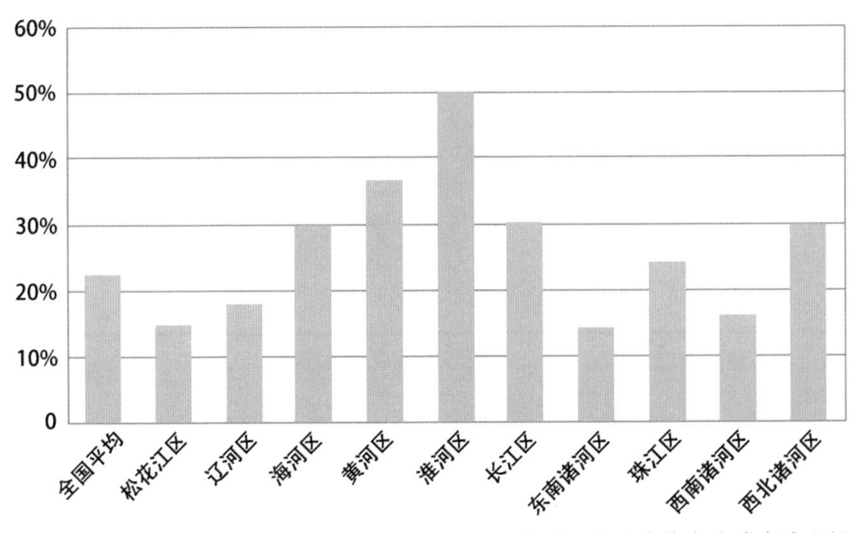

▲ 全国不同流域特有种受威胁比例

◎ 第二节　河湖生态保护与修复的主要措施

传统河湖生态保护工作集中在水源涵养和水质保护等方面。相较于传统水资源保护，现阶段河湖生态保护与修复的最大特征是站在流域视角，强调流域整体的系统治理，通过采取一系列保护和修复措施，使得人类活动对于河湖生态系统的干扰维持在其可承载范围之内，实现河湖生态保护与修复。

一、水量层面

水量层面的保护主要体现在加强水源涵养、河湖生态流量保障、地下水采补平衡等方面。

水源涵养措施主要包括水土流失治理、保护自然植被、开展林草种植、减少源区人为活动等，一般集中在江河源头区和主要产水区。开展水源涵养不是为了增加总径流量，而是为了增加源区林草植被和土壤层的水资源调蓄能力，坦化径流的极值过程，起到“天然水库”的作用，从而增加枯水期基流量，降低汛期洪峰流量和流域水资源开发利用难度。研究表明，植被覆盖度每增加1%，区域洪峰流量可被削减5%～10%，枯水期流量可增加

▲ 水源涵养区

1% 以上。

河湖生态流量是指为了维系河流、湖泊等水生态系统的结构和功能，需要保留在河湖内符合水质要求的流量（水量、水位）及其过程。欧美国家将生态流量过程分为极端低流量、基础流量、脉冲流量、小洪水、大洪水等。鉴于目前我国生态流量的保障还面临较大的体制机制与社会经济制约，现阶段主要考虑生态基流、敏感生态需水、汛期造床洪水 3 种组分。其中汛期造床洪水也可以看作是一种特殊形式的敏感生态需水，对于黄河等多沙河流尤为重要，其他流域可暂不作为重点。

加强河湖生态流量保障的主要措施包括：①全面开展河湖生态流量目标制定与分级考核；②完善水利工程生态流量泄放设施，建立生态调度机制；③实行流域与区域相结合的用水总量控制，加强江河水量分配和分季节用水总量控制；④开展重点河湖湿地的生态补水，建立长效机制；⑤开展生态流量的实时监测预警与调控保障。

在地下水方面，重点是开展超采区的综合治理，逐步实现地下水采补平衡和水位恢复；同时加强对于地下水水量-水位的双控管理，维持地下水在合理水位，在干旱区支撑地带性植被生长，在滨海区域控制海水入侵，在灌区维护人工绿洲的同时避免土壤次生盐碱化。

二、水质层面

水质保护是传统水资源保护的核心内容，重点是将入河污染总量控制在水体纳污能力范围之内，实现既定水质目标，对人体健康和生态系统不带来威胁。在传统水质保护工作之外，流域水资源保护强调几个方面的转变。

1. 从纳污总量控制向“清水入河”转变

河湖水体本身具有一定的纳污能力，但若严格按照纳污能力来进行入河污染控制，因面源污染等不可控因素影响，往往造成水质并不能实现预期目标的情况。从流域水资源保护角度出发，应该尽可能实现污染物的源头减排和过程阻断，最大程度避免污染物的入河。主要措施包括工业园区“零排放”技术推广、废污水再生利用、种植业化肥农药减施和节水减排、畜禽养殖废弃物综合利用、入河前的湿地和缓冲带净化等。通过流域内各区域各子流域的“守土有责”和污染物“就地消纳和处理”，实现“清水入河”。

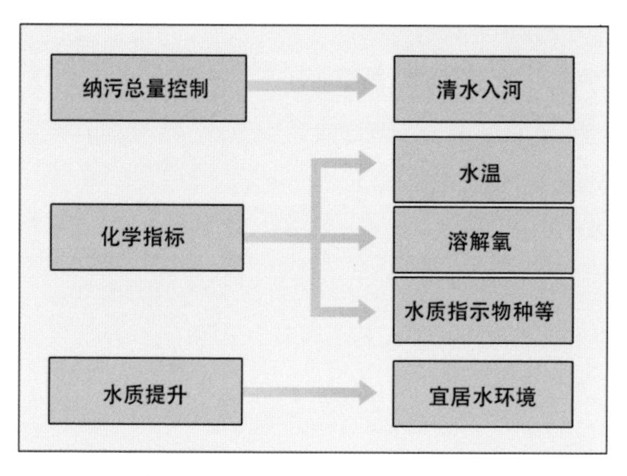

▲ 流域水资源保护转变过程

2. 从化学指标为主向水温、溶解氧、水质指示物种等理化学指标并重转变

以往对于河湖水质的保护集中在化学耗氧量、氨氮等化学指标上，水温、溶解氧等与水生生物栖息繁衍密切相关的指标虽然纳入了《地表水环境质量标准》（GB 3838—2002），但未作为考核评价的重点。水温在鱼类繁殖过程中，具有重要的信号指示、产卵刺激和积温发育功能，水利工程导致的下泄水温滞后、冷却用水造成的温排水热污染均会导

致鱼类正常繁殖过程被打乱，影响鱼类繁殖和越冬成功率，需要采取措施减缓其影响。溶解氧浓度与水生生物的生存密切相关，受污染程度、水体流动性等多方面因素的影响，是水体质量和生态友好性的重要表征指标，需要加强监测评价和控制。而利用水质敏感性指示物种，对于水体质量进行快速检测也成为近年来水质监测评价的发展方向。

3. 从水质提升向宜居水环境打造转变

水质保护的终极目的是不影响水体综合功能的发挥，传统水质保护重视各项评价指标的达标，而在新时期生态文明和“幸福河湖”建设背景下，增强城乡居民对于河湖水体的满意度和亲近率，通过良好水环境为公众提供更多优质生态产品成为水资源保护新的内涵。苏州市在中心城区水体达到Ⅲ类水标准的基础上，开展“清水工程”建设，着力提升城区和主要景观水体的透明度，以“群众满意度”作为水环境核心评价指标，是城市宜居水环境建设的典范。对于农村地区，宜结合乡村振兴等工作，大力推进农村水系综合整治和水美乡村建设。

▲ 苏州环城河

三、水域层面

水域层面保护重点是维持水域空间的数量、结构和功能的稳定。

在数量方面，要科学划定水域空间保护边界，制定分区水域空间总面积目标指标。以水域空间保护边界为依据，对未经批准的围垦湖泊河道、非法侵占水域滩地、乱扔乱堆垃圾、弃置堆放物体等违规行为进行核查、整治和清退，恢复被侵占水域。并综合利用卫星遥感、地面监测巡查等手段，建立动态监管体系，确保水域面积不降低。

在结构和功能方面，要加强对于流域（区域）水域空间组成的调查评价和控制管理，包括天然－人工比例、永久性－季节性比例、河－湖－库－沼－滩结构、大－中－小斑块比例、纳入保护地体系空间占比等，以维持水域生境的多样性，同时对于水域空间的最大斑块指数、景观连接度等指标进行评价和管控，确保水域行水蓄洪、水源供给、净化水体、生物栖息、物质能量通道、文化娱乐等综合功能的发挥。此外，要通过设立禁采区、禁航区和禁航时段、限制通航强度等手段，降低采砂、航运等水域单一功能对于其他功能，特别是水生生物生境功能的影响。

▲ 通过卫星遥感技术，建立动态监管体系，确保水域面积不降低

四、水流层面

水流连通性的保护主要体现在两个方面，一是加强已有阻隔的功能连通和恢复，二是对于未来规划建设和运行的管控。

在已有阻隔的功能连通和恢复方面，重点是加强河湖水系连通和水利工程过鱼设施的建设。要着力恢复河湖天然水力联系，通过水系连通、灌江纳苗、生态调度等形式，恢复河湖健康有序的生物流、物质流、信息流。对于未开展过鱼设施建设的大中型工程，要因地制宜，选择适宜的形式进行改造和补建。对于已建的大中型水利工程过鱼设施，要配套建设诱导设施或拦截设施，创造诱鱼适宜水流条件，满足鱼类行为习性和生理机能的基本需求，同时减轻水轮机或水泵等机械对鱼类卷吸的影响，提升过鱼效力。对于量大面广的小型闸坝要推广开展仿自然通道过鱼设施的建设。将具有重大生态影响或经济效益低下的小型水电站，在给予科学论证的情况下予以拆除。

在未来规划建设和运行管控方面，一方面，要突破河流尺度纵向连通性评价存在的不足，开展流域层面水系连通性的整体评价，并基于鱼类资源分布和栖息洄游路线的调查，编制流域水系连通性保护整体规划，确定重点保护河段和支流；另一方面，对于新建拦河建筑物，要因地制宜规划建设过鱼设施，对于大江大河干流上确需建设的水利工程，做好生态影响评价，科学论证支流替代生境，并对相应支流进行保护修复，确保替代成效。

▲ 长洲鱼道是我国建设的第一座大型鱼道，也是国内唯一一座针对中华鲟设计的鱼道

小贴士

三场一通道

三场一通道是指产卵场、索饵场、越冬场和洄游通道。

五、水生生物层面

水量、水质、水域、水流等四个方面构成了水生生物的生境，而决定水生生物多样性或受威胁程度的还包括过度捕捞、物种进化等因素，这些因素在目前体制下，已超过了水资源保护的内涵和范围。因此，从流域水资源保护的角度，在水生生物层面重点是做好两方面工作：一方面，加强重点保护物种的生态习性调查，包括鱼类“三场一通道”分布、不同生命阶段适宜水文水质条件等，建立并完善相应的数据库，不断扩大数据覆盖范围，以更有针对性地为水生生物提供适宜生境，协调水资源开发利用与生态环境保护的矛盾。另一方面，要以生物完整性评价为主导，大力加强水生态监测，并优先在我国大江大河及主要支流、重点湖泊建立水生态监测网络。通过系统的水生态监测评价，评估各项水资源保护措施的生态响应，及时调整保护策略和控制指标，促进水生态系统健康稳定。

◎ 第三节 河湖生态保护与修复的关键技术

一、生态流量保障成效评估与适应性调整技术

目前，关于生态流量目标的科学制定与调控保障，已有大量的研究成果和技术方法，水利部也已发布了多批重点河湖的生态流量目标。而对于既定流量目标调控保障后的生态响应和成效，目前还缺乏系统的监测评估，需要大力推进，并根据评价结

果对原有生态基流、敏感生态需水目标的适应性进行评价，形成生态流量目标的滚动修正技术方法，促进生态流量目标和管理体系的不断完善。

二、流域山水林田湖草沙系统治理技术

流域生命共同体是一个人与自然的复合系统，因此系统治理具有双重目标要求。一是维护流域生态系统健康，包括陆域和水域两大空间的生态系统，保障生态安全，维护生态功能；二是支撑区域经济社会高质量发展，通过生态产品价值实现与生态产业的健康发展，不断满足人民日益增长的对优美生态环境和优质生态产品的需求。以往针对生命共同体单要素的治理研究多，如何充分发挥水在生命共同体中的纽带作用，实现多要素系统治理和“自然-社会”双重目标尚需要深入研究。

▲ 淮河流域鲇鱼山水库水生态保护治理

三、水域空间结构与功能优化调控技术

随着遥感、人工智能AI技术的发展，关于水域空间数量层面的动态监控技术已趋于成熟，而水域空间管控阈值，及其结构与功能的联合优化技术还有很大欠缺。水域空间管控的重要阈值包括不同区域和类型河流滩地（主槽）宽度比、不同区域城市建成区水域空间比例、无堤防河段蓝线划定范围、农垦开发区湿地（农田）控制比例等。水域空间结构和功能联合优化的重点在于根据水域空间的重点功能，对其结构组成、景观连接度等性质的适宜性

进行评价，提出水域空间保护修复的指导意见和方案，促进水域空间综合功能的发挥。

四、水系整体连通性评价与恢复技术

目前，对于河流纵向连通性的评价和调控研究主要以单条河流作为基本的评价单元，以具体工程的过鱼设施建设为重点恢复手段，而对河流连通性最为敏感的洄游鱼类，其栖息范围往往不局限于某一条具体河流，而是在整个流域水系内迁徙。因此，对于河流连通性的评价和调控宜以水系为单元进行。一方面，需要研发水系整体连通性评价方法，对拦河建筑物造成的水系连通性降低程度进行科学评价；另一方面，要在高效过鱼设施建设运行技术基础上，研发流域干支流联合调控、支流替代生境等水系整体连通性保护恢复技术。

五、水生态高效传感设备与监测评价技术

针对目前水生态监测评价采样难、周期长、效率低的问题，研发以仿真鱼、水下机器人和人工智能为核心技术的水下综合感知技术与设备，研发水生态"一杆通"高效采样监测设备，研究水质生物检测、检测环境DNA（eDNA）等新型监测评价技术，并不断完善相应的物种和基因数据库。建立基于卫星遥感、雷达、移动设备的流域水资源、水环境、水生态"三水"智能感知技术体系。综合现有河湖健康评价标准，提出适应我国不同区域水生态特征的高效评价技术。

小贴士

eDNA

eDNA是指在环境样品中所有被发现的不同生物的基因组DNA的混合。eDNA的环境样品可以包括土壤、沉积物、排泄物、水体等。

第八章

城市与乡村：水生态保护与生产生活

城市与乡村是人类的主要生产生活区，也是水资源的耗散区和人类活动对水生态系统影响最为显著的区域。在人与自然和谐共生理念的指导下，通过建设海绵城市与生态灌区，可有效缓解人水紧张关系，推进生态文明建设。

◎ 第一节　海绵城市

一、城市对水循环和水生态的影响

近百年来，气候变化和高强度人类活动对城市生态系统产生了深远的影响，其中城市水循环是受气候变化和人类活动影响最直接和最重要的领域之一。

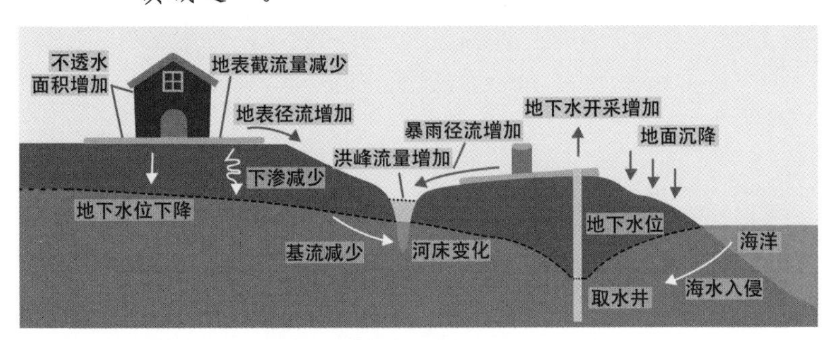

（a）城市化对地表水补给的影响示意图

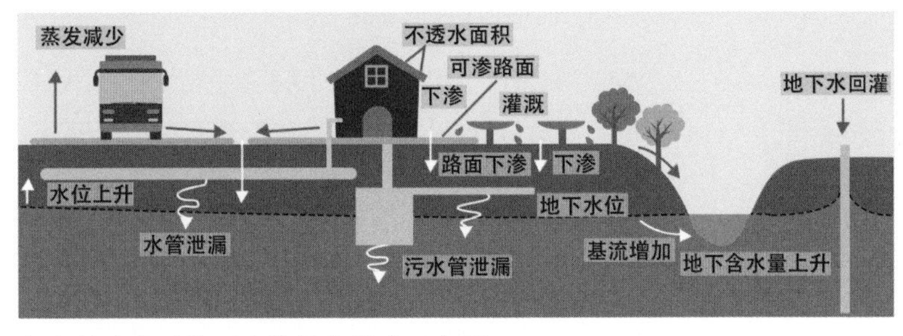

（b）城市化对地下水补给的影响示意图

▲ 城市化对地表水和地下水补给的影响示意图

城市化地区的不透水面积增加成为影响城市水文过程的重要因素，不仅阻碍地表水下渗，还切断城市地表水与地下水之间的水文联系，其水文效应主要表现在以下几个方面。一是城市化对城市地区水循环过程的影响，包括城市下垫面条件改变造成的蒸散发、降水、径流特征变化。二是城市化对洪涝灾害的影响，突出表现在城市内涝等。三是城市化对水生态系统的影响，包括城市化对地表水质、地下水质和城市生态系统的影响。四是城市化对水资源的影响，主要是用水需求量的增加以及由于污染而造成水资源短缺等。

城市土地利用变化改变了城市流域水生态系统的物理特性、化学特性与生物特性，引发城市河流综合征。城市对水生态的影响主要表现在以下三个方面。一是城市化对河流生态的影响。城市化发展导致城市工业废水和生活污水增多，加之城市土地利用改变，导致城市河流水系减少，河道淤积或消失等问题，降低了河流蓄水排涝和纳污自净能力，使得河流污染负荷加大，河流水质不断恶化。二是城市化对河网水系的影响。城市化导致城市河道结构简单化和渠道化，加之城市给排水管网建设改变了自然状态下的水循环路线，在一定程度上影响了城市水循环过程及水生态系统。三是城市化对水土流失的影响。城市化过程中强烈的人类活动使得地表植被和自然地形遭到严重破坏，由此产生的水土流失问题日益严重，不仅造成城市生态区土层变薄，土壤功能下降，同时土壤侵蚀产生大量的泥沙淤积于城市排洪渠、下水道、河道等排洪设施中，大大降低了这些设施的排洪泄洪能力。

二、海绵城市建设

城市水问题的本质是城市水循环的失衡，表现为城市内涝、城市水污染和城市缺水等方面的问题。习近平总书记在2013年12月中央城镇化工作会议上要求，“建设自然积存、自然渗透、自然净化的‘海绵城市’”。

河湖水系和地下水系统是海绵城市建设的重要组成部分，水灾害防治、水资源利用、水环境治理和水生态保护是海绵城市建设的重要内容。海绵城市建设就是要通过一系列措施实现城市良性水循环，使水与人类社会相适应，从这个角度出发，把海绵城市科学内涵概括为“水量上削峰、水质要减污、雨水资源要利用”三大方面。从城市水问题本质出发，解决城市内涝、城市水污染和城市缺水三大问题，通过海绵城市建设做到小雨不积水，大雨不内涝，水体不黑臭，热岛有缓解，形成良性的水循环。

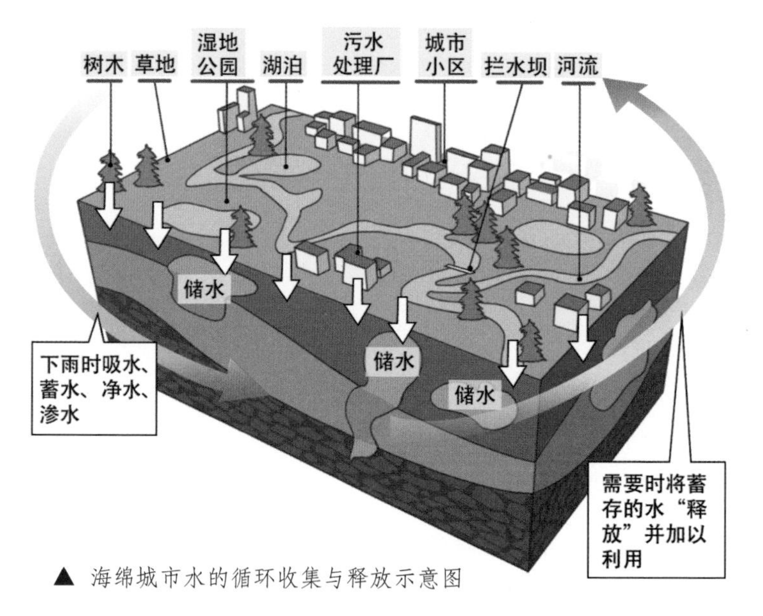

▲ 海绵城市水的循环收集与释放示意图

海绵城市的核心就是合理地控制城市下垫面上的雨水径流，使雨水就地消纳和吸收利用。主要就是靠“渗、滞、蓄、净、用、排”六个字来实现这个目标。

（1）渗。由于城市下垫面过硬，改变了原有自然生态本底和水文特征，因此要加强自然的渗透，把渗透放在第一位。这样可以避免地表径流，减少从硬化路面、屋顶等汇集到管网里从而流失；同时，涵养地下水，补充地下水的不足，还能通过土壤净化水质，改善城市微气候。雨水渗透的方法多样，主要是改变各种路面、地面铺装材料，改造屋顶绿化，调整绿地竖向，从源头将雨水留下来然后“渗”下去。

▲ 城市路面渗水

（2）滞。其主要作用是延缓短时间内形成的雨水径流量。例如，通过微地形调节，让雨水慢慢地汇集到一个地方，用时间换空间。通过“滞”，可以延缓径流高峰的形成。具体形式包括雨水花园、生态滞留区、雨水湿地、湿塘等。

（3）蓄。尊重自然的地形地貌，把雨水留下来，使降雨得到自然散落。人工建设破坏了自然地形地貌，短时间内雨水集中汇集，就形成了内涝。要把降雨储蓄起来，以达到调蓄和错峰的目的。目前，海绵城市蓄水环节没有固定的标准和要求，地下蓄水样式多样，常用形式有两种：塑料模块蓄水、地下蓄水池。

▲ 塑料模块蓄水施工现场

（4）净。通过土壤、植被、绿地系统、水体等，都能对水质产生净化作用。因此，应该蓄起来，经过净化处理，然后回用到城市中。雨水净化系统根据区域环境不同设置不同的净化体系，根据城市现状可将区域环境大体分为三类：居住区雨水收集净化、工业区雨水收集净化、市政公共区域雨水收集净化。根据三种区域环境可设置不同的雨水净化环节，现阶段较为熟悉的净化过程分为三个环节：土壤渗滤净化、人工湿地净化、生物处理。

（5）用。雨水经过土壤渗滤净化、人工湿地净化、生物处理多层净化后要尽可能被利用，不管是丰水地区还是缺水地区，都应该加强对雨水资源的利用。这样不仅能缓解洪涝灾害，还可以利用所收集的水资源，如将停车场上面的雨水收集净化后用于洗车等。应该通过“渗”涵养，通过“蓄”把水留在原地，再通过净化把水“用”在原地。

（6）排。是利用城市竖向设计与工程设施相结合，排水防涝设施与天然水系河道相结合，地面排水与地下雨水管渠相结合的方式来实现一般排放和超标雨水的排放，避免内涝等灾害。有些城市因为降雨过多导致内涝，这就必须采取人工措施，把雨水排掉。

针对区域地形坡度、土壤类型、土地利用情况，对区域措施进行适宜性分析，筛选低影响开发的设施。优先“净、蓄、滞”措施，合理选用“渗”“排”措施，优化“用”措施。海绵城市措施选取分为三种区域，分别为适宜建设区、有条件建设区、限制建设区。对于适宜建设区范围内可采用包括“渗、蓄、滞、净”等所有海绵城市建设的低影响开发措施，在措施选取上不受地形、环境等限制，可达到最大效率利用；有条件建设区内一般存在土壤下渗能力较差或具有一定的下渗污染风险等，在海绵城市措施选取上尽量不考虑“渗”的措施，着重考虑“净、

▲ 入选第一批海绵城市建设示范城市——杭州

蓄、滞”等措施；限制建设区内限制条件较多，如地形坡度较大、生态涵养问题、点源污染等，对于这些区域尽量考虑“净”处理。

知识拓展

你的家乡是海绵城市么？

2015年4月2日，首批16个海绵城市建设试点城市正式公布，包括迁安市、白城市、镇江市、嘉兴市、池州市、厦门市、萍乡市、济南市、鹤壁市、武汉市、常德市、南宁市、重庆市、遂宁市、贵安新区和西咸新区。此后，住房和城乡建设部又于6月10日下发文件，将三亚列入“生态修复、城市修补”（简称“双修”）以及海绵城市和地下综合管廊（简称“双城”）的试点城市。2016年4月27日，第二批14个海绵城市建设试点城市公布，包括北京市、天津市、大连市、上海市、宁波市、福州市、青岛市、珠海市、深圳市、三亚市、玉溪市、庆阳市、西宁市和固原市。2021年第一批20个海绵城市示范城市确定，包括唐山市、长治市、四平市、无锡市、宿迁市、杭州市、马鞍山市、龙岩市、南平市、鹰潭市、潍坊市、信阳市、孝感市、岳阳市、广州市、汕头市、泸州市、铜川市、天水市、乌鲁木齐市。

◎ 第二节 生态灌区

一、什么是灌区

灌区是指单一水源或多水源联合调度且水源有保障，有统一的管理主体，由灌溉排水工程系统控制的区域。“灌区”需同时具备三个条件：一是具有单一水源或多水源联合调度且水源有保障。灌区如果具有多种水源类型，则多种水源类型应能够进行联合调度、相互补充。二是具有统一的管理主体。统一的管理主体既可以是专门的管理机构，如灌区管理局等，也可以是村委会、乡水管所、用水者协会等群管组织，还可以是企业或个人等。三是由灌溉排水工程系统控制。要求灌区内有相应的灌溉排水系统，对于无灌溉工程设施，主要依靠天然降雨种植水稻、莲藕、席草等水生作物的区域，不能作为灌区。

根据我国水利行业的标准规定，控制面积在

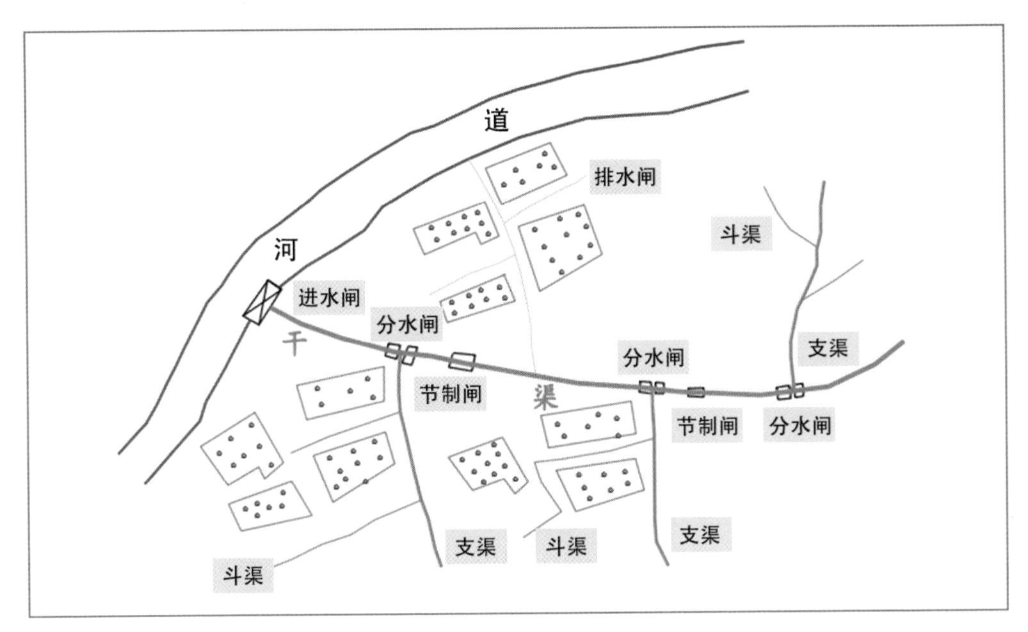

▲ 典型灌区系统示意图

20000 公顷（30 万亩）以上的灌区为大型灌区，控制面积在 667 ~ 20000 公顷（1 万 ~ 30 万亩）的灌区为中型灌区，控制面积在 667 公顷（1 万亩）以下的为小型灌区。

二、灌区水生态现存问题

伴随着灌区的大面积建设，灌区水生态问题也日益突显，显现出以下几方面问题。

一是灌溉水利用率低下，可供水量明显减少。由于受传统灌溉方式和灌溉基础设施的完善程度及技术水平的影响，我国大型灌区目前的水资源利用不充分，灌溉水超出实际需水量的 1 倍左右，有的地方甚至超出 2 倍，与发达国家相比差距很大。

二是生物多样性破坏，生态链失衡。由于灌区加强防洪功能和灌溉系统建设，需要利用混凝土等硬质化材料进行系统建设，生态环境遭到破坏，水系、土壤和生物之间的联系性分离，生态恢复功能减弱，使得生物的多样性遭到破坏。

三是点源（面源）污染物过量排放，灌区内部及邻近水体污染严重。灌区内大量废（污）水任意排放，灌溉回归水中携带了大量残留的氮、磷等污染物进入地表水和地下水中，使得灌区内地表水和地下水中的氮、磷普遍超标。

四是不合理的灌排模式引起灌区土壤质量退化，生产力降低。因污水灌溉而被重金属污染的耕地面积逐年扩大，污染严重的已被弃耕，全国主要农产品中农药残留超标严重。

五是上中游灌区过量取水，引起流域尾闾生态系统退化。流域上游灌溉过量用水会使河道下游流量减少，泥沙淤积，甚至断流，河流尾闾湖泊、湿地、林地、草原萎缩，土地荒漠化。

三、建设生态灌区

生态灌区的概念起源于节水型灌区，但又不局限于提高水资源利用效率，而是在此基础上有了较大的扩展。生态灌区是在人与自然和谐理念指导下，以维持灌区生态系统的稳定及修复脆弱的生态系统使其形成良性循环为目的，通过灌区水资源高效利用、水环境保护与治理、生态系统恢复与重构、水景观与水文化建设、灌区生态环境建设基准及监测管理方法等多方面的生态调控关键技术措施，形成的生产力高、灌区功能健全、水资源配置合理、生物多样性丰富且单位水量提供的生态服务功能最大的节水型灌区，是现代化灌区发展的高级阶段。

生态灌区的属性是对其概念的具体化描述，人们既要求其发挥维持灌区生态系统健康、不对外界环境产生负面影响的功能，又要求其具有较高的经济社会功能，这就需要从影响灌区的诸多要素，如生态环境、工程设施、管理水平等多个方面对生态灌区的属性予以阐释。生态灌区的属性特征包含以下几个方面。

（1）完善的灌排工程体系。灌溉与排水是灌区基本功能之一，但是当前我国灌区工程年久失修、渠道渗漏问题突出，对灌区的安全与水资源利用效率都造成了较大影响。因此，生态灌区必须具备完善的灌排工程体系，既可以合理配置水资源，又能防止洪涝灾害，避免土壤盐渍化。

（2）较高的资源利用效率。这里的资源不仅指水、土壤资源，而且包括化肥、农药等。提高资源的使用效率不仅可以缓解资源紧张，而且可以减少污染物的输入，从源头抑制灌区生态环境的恶化。

（3）健康的生态系统。生态灌区应重视生态环境，力求将灌区的生态环境维持或恢复到良好的状态，同时也要对系统外部发挥较好的生态功能。生态系统健康是建设生态灌区的出发点，也是核心内容。

（4）发达的生产力水平。灌区是我国粮食规模化生产的主要基地和食品安全的重要保障，进行农业生产始终是灌区的基础功能。进行生态灌区建设是要通过科学规划管理、技术资金投入等一系列措施，使灌区的生产力水平维持在较高状态，使其既能满足经济社会发展的需求，又不对区域生态环境造成明显负面影响。

（5）现代化的管理水平。如果说灌区的水土资源、工程状况是灌区的“硬件”，那么灌区管理

▲ 小开河引黄生态灌区

则是“软件”，很大程度上决定着上述物质条件能够发挥多大作用。生态灌区建设必须充分提高灌区管理水平，发挥现代化管理的优势。

知识拓展

小开河引黄生态灌区

小开河引黄灌区地处山东省北部，黄河下游左岸，黄河三角洲腹地。灌区建设前，由于灌区内地势高亢，地表水严重缺乏，地下水矿化度高，无法利用，百万群众饱受缺水之苦。1998 年，山东省政府把小开河工程列为当年省重点工程项目，并给予了大力支持，小开河引黄灌区通水后，《人民日报》头版头条、中央电视台《焦点访谈》栏目将小开河作为为老百姓办实事的典型进行了专题报道，称赞这是一条德政之河、民生之河，一条通往人民心中的河。小开河工程通水不仅解决了北部地区历史性饮水问题，带来的更是当地群众生活水平的提升，几十万亩荒芜盐碱地变成丰产田，灌区百姓的生产和生活日新月异。

小开河灌区将一片荒地滋润成水泽林茂、鸟鸣鱼翔之处，人类涉足的积极作用凸显出来。当保护生态的长远利益和经济价值的短期效果出现矛盾时，灌区选择的是“生态优先”。2009年，随着《黄河三角洲高效生态经济区发展规划》经国务院批复并实施后，小开河灌区在“国家战略”支持下，依靠理念创新、科技创新和管理创新，致力生态建设，从一个传统意义上的引黄灌区跃升为以水为“基”的大生态支撑系统，灌区所覆盖的100多万亩国土空间由“艰苦环境”变成粮棉高产区，多年平均增产粮食15万吨，增产棉花5.6万吨，并演进为高效、宜居的绿色发展高地，成为诠释“绿水青山就是金山银山”的生动范例。2010年，小开河灌区成为全国水利风景区评选历史上第一个引黄灌区水利风景区。2017年，小开河灌区正式获批国家级湿地公园试点。

参考文献

[1] 余新晓，毕华兴．水土保持学[M].4 版．北京：中国林业出版社，2020.

[2] 张洪江．土壤侵蚀原理[M].2 版．北京:中国林业出版社，2008.

[3] 方修琦，章文波，魏本勇，等．中国水土流失的历史演变[J]．水土保持通报，2008，(28):158-165.

[4] 李荣华.20 世纪 50 年代以来中国水土保持史研究综述[J].农业考古，2020，(6):265-271.

[5] 王治国，张超，纪强，等．全国水土保持区划及其应用[J]．中国水土保持科学，2016，(14):101-106.

[6] 蒲朝勇．贯彻落实十九大精神 做好新时代水土保持工作[J]．中国水土保持，2017，(12):1-6.

[7] 蒲朝勇．深入学习贯彻党的十九届五中全会精神 扎实推动新阶段水土保持高质量发展——访水利部水土保持司司长蒲朝勇[J]．中国水利，2020，(24):22-24.

[8] 胡春宏，张晓明．关于黄土高原水土流失治理格局调整的建议[J].中国水利，2019，(23):5-11.

[9] 水利部．中国水土保持公报(2020 年)[R].2021.

[10] 国务院第三次全国国土调查领导小组办公室，自然资源部，国家统计局．第三次全国国土调查主要数据公报[R]．2021.

[11] 水利部，国家发展改革委，财政部，等．全国水土保持规划(2015—2030)[R]．2015.

[12] 国家林业和草原局．中国退耕还林还草二十年(1919—2019)[R].2020.